U0889681

王树建 著

没有特别幸运，请先特别努力

中国致公出版社
China Zhigong Press

图书在版编目（CIP）数据

没有特别幸运，请先特别努力 / 王树建著．— 北京：中国致公出版社，2018

ISBN 978-7-5145-1098-0

Ⅰ.①没…　Ⅱ.①王…　Ⅲ.①成功心理—通俗读物　Ⅳ.①B848.4-49

中国版本图书馆 CIP 数据核字（2017）第 253604 号

没有特别幸运，请先特别努力
王树建　著

责任编辑：蒋晓舟
责任印制：岳　珍

出版发行：中国致公出版社 China Zhigong Press
地　　址：北京市海淀区翠微路 2 号院科贸楼
邮　　编：100036
电　　话：010-85869872（发行部）
经　　销：全国新华书店
印　　刷：北京永顺兴望印刷厂
开　　本：787mm×1092mm　1/16
印　　张：14.5
字　　数：200 千字
版　　次：2018 年 3 月第 1 版　　2018 年 3 月第 1 次印刷

定　　价：39.80 元

版权所有，未经书面许可，不得转载、复制、翻印，违者必究。

序言
PREFACE

给愿意努力的人一点小幸运

你有没有觉得自己不够幸运呢？

你有没有觉得成功遥不可及呢？

你有没有觉得老天太不公平呢？

有人说，成功是随机的，靠的就是幸运。他们说，在今天这个信息化时代，还选择拼命、努力、奋斗的人太 LOW 了。他们说，别再傻傻地迷信努力了，我来告诉你怎样成功吧，那就是只需要抓住机遇。他们信奉小米创始人雷军的那句话，即使猪站在风口上，也能飞起来。

成功是随机的？成功要靠运气好？似乎有道理。与某些人比较起来，我们的运气貌似确实不那么好：当我们刚走出大学校门，还在四处努力求职，想寻求一份薪水不那么低的工作时，留学归来的王思聪已经揣着老爹给的 5 亿元直接做了老板；当我们选择创业但是苦于资金不足、拉不到投资的时候，软银公司找上门来送给马云 2000 万美元；当我们做梦都想中一注 500 万大奖却连 100 块都没中过的时候，世界各地却时不时蹦出一个独中亿万的命运宠儿……我们很多人还没有获得自己想要的成功，还没有遇到自己希望的幸运。

其实很多人不知道的是，雷军之后对“飞猪理论”做了进一步的阐释：风口上的猪都是练过功的。如果没有基本功谈飞猪，那真的是机会主义者，没有任何一个成功者不需要经过艰苦的训练就能成功。雷军的本意是，只要抓住了好的机遇，即使是猪也能成功。但是在后来的传播中，很多人都误解成了“成功只需要抓住机遇”。幸运这东西对大多数人而言可遇而不可求，可望而不可即。当“先赚一个亿”仅仅是王建林的小目标的时候，我们大多数人还把月薪上万视为难以实现的理想，把年薪几十万视为与自己无关的事，把面朝大海、春暖花开视为白日做梦。要指望幸运从天而降，那看上去还真不如指望自己中 500 万大奖更靠谱一些。

那么，比尔·盖茨、王健林、马云的成功真的是随机的吗？刘德华、周星驰、郭德纲的成功真的只是幸运吗？

我想，聪明如你，是不会相信的，所以你才会打开这本书。

全世界人民全部躺在床上睡大觉，也不会睡出一个比尔·盖茨；全世界人民都待在家里做白日梦，也不会做出一个彩票大奖获得者。粮食不是自己从地里长出来的，钞票不是自己从天上掉下来的。很简单的道理，总有些人想不明白，也总有些人不想明白。

我们都清楚，要想靠守株待兔获得机遇，获得成功，对绝大多数人而言是不可能的事。我相信很多人还是认同“滴自己的汗，吃自己的饭，自己的事自己干，靠人，靠天，靠祖上，不算是英雄好汉”这样的观点，还是相信“宝剑锋从磨砺出，梅花香自苦寒来”这样的古训。

如果你愿意努力，那么，你是对的。

约翰小时候，父亲工作不努力，花钱也是大手大脚。约翰和其他五个兄弟姐妹小时候的生活非常窘困，多亏母亲伊莉莎勤俭持家，辛苦维持生计。母亲教会了约翰做人要节俭、勤奋、努力的道理，约翰也很懂事地从小就做各种活计补贴家用。实际上，此时的约翰不仅没有“富一代”“官一代”做依靠，也没展现出任何过人的天赋、才能，无非是算数好一点、从父亲那里学到了爱财、从母亲那里学会了勤奋而已。

后来他们全家搬到了俄亥俄州的克里夫兰市斯社比尔镇，并就读一家免费的公立学校。毕业后他念了 3 个月的短期商业班，学习复式簿记等会计技能。完成学业后，因为商业不景气，自己也没什么特长，40 多天才找到一份记账的工作。约翰牢牢地记住了这一天——9 月 26 日，他甚至比生日更重视这一天。从这天开始，约翰凭着勤奋努力，得到了老板的赏识，三年里不断升职。后来的成就，约翰依旧是凭着坚持不懈的努力，一点点地学习知识、积累资本，不到 30 岁就成了世界首屈一指的石油大王，并且最终成了世界上第一个亿万富翁，亲手创立了美国豪门——至今六代不衰的洛克菲勒家族。是的，他就是约翰 · 戴维森 · 洛克菲勒，豪门洛克菲勒家族的创始人和第一代掌门人，白手起家的石油帝国领袖，死去 80 年后仍在影响世界的人。

回顾自己的传奇人生，约翰 · 戴维森 · 洛克菲勒曾告诉世人：白吃午餐的习惯不会使一个人步向坦途，只会使他失去赢的机会。而勤奋工作才是唯一可靠的出路，工作是我们为了成功所付的代价，财富与幸福要靠努力工作才能得到。

洛克菲勒就是这样凭着他对金钱的执着和自身的不懈努力，以一介寒门登顶美国上流社会的。

如果你也像当年的洛克菲勒一样，出身平凡，甚至身处困厄，而心中仍有梦想，愿意凭着自己的汗水、泪水、血水为自己搏出一个未来。那么，你在翻开这本书的时候，也就获得了这样一份小幸运：

这本书不会直接告诉你如何做老板，不会直接告诉你如何发大财，只会指给你一条通向成功的最简单之路，慰藉你敢于努力的心灵。如果它能使你坚定信心、下定决心，使你有所感悟，有所收获，那更将是你我都应该感到幸运的事。

目录
CONTENTS

6

Chapter……拼搏：为了诗和远方，必须奋力奔跑

7

Chapter……行动：成功需要执行力，惰性比不幸更可怕

8

Chapter……勇气：你不勇敢，没人替你坚强

9

Chapter……**自律：谈什么野心，你连自己都无法掌控**

1

Chapter

坚持：哪有从天而降的幸运，只不过是在咬牙坚持

人大多有一个通病：对于那些大商人、大明星等等，往往只盯着看他是如何大富大贵、大红大紫，对于这些名人为了取得这些成功，曾经遭过多少罪，吃过多少苦，流了多少泪，却很少有人关心。

行动不一定每次都带来幸运，但坐而不行，一定无任何幸运可言。

——英国政治家　伊萨克·狄斯里犁

看到的都是光鲜，看不到的都是辛酸

真正被幸运直接砸中的人肯定是有的，但是非常罕见。而所有的成功人士，都是人前看着光鲜亮丽，背后其实不知隐藏了多少辛酸经历。所以，他们的成功，无论别人如何诋毁，都是十足真金，靠自己的双手打拼出来的。

说到这里，就要拿目前国内风头正盛、名气数一数二的“小鲜肉”鹿晗来举个例子了。

鹿晗，出道就是韩国SM娱乐有限公司旗下的偶像组合EXO-M的主唱、领舞、门面担当，现在是国内影视歌三栖明星，综艺娱乐节目《奔跑吧兄弟》(《奔跑吧》) 的颜值担当。无论你是喜欢还是讨厌他，都无法否认他是中国大陆目前最红的明星之一。

也许不太关注娱乐圈的人不知道SM公司，但是很少有人不知道这家公司旗下的H.O.T、东方神起、少女时代、EXO，很少有人不知道这家公司推出的安七炫、沈昌珉、张娜拉、林允儿等演艺明星。鹿晗能够从韩国娱乐业三巨头之一的

SM 公司出道，许多有志于从事演艺事业的人都羡慕至极。

鹿晗能够被 SM 公司相中，源于 2008 年的一次偶遇。那时候鹿晗刚开始韩国的留学生涯，一次，在明洞逛街的时候被 SM 公司的星探一眼相中。星探立即递名片希望鹿晗去 SM 公司接受培养。明洞那么大，游客那么多，长相再出众也可能被错过。所以，不能不说鹿晗很幸运。但鹿晗并未就此成名。

原来，当时 18 岁的鹿晗受到邀请后，SM 公司并未立即接受鹿晗成为公司的练习生，而是让他做替补，等待公司的召唤。

换成我们遇到这样的事会怎样？是否觉得幸运瞬间变成晴天霹雳？要不要回去继续读大学？

鹿晗当时估计也是蒙的，但他并没有就此放弃，而是选择了积极坚守。语言是每个留学生的必修科目，学习起来也相当困难，但是鹿晗却用了一年时间通过了韩语等级考试，我们并不知道他的韩语等级到底是几级，但根据他可以与韩国人流利对话，以及成员的评价来看，他的韩语应该是很好的。对于一个零基础的人用一两年时间让韩语达到与人流畅交流无障碍的程度，总归不是容易的。我们从小学英语，大学毕业前考个英语四级很多人还要费很大劲，更何况是一两年就熟练掌握一门外语呢？就算鹿晗有语言天赋，不坚持下苦功肯定也是不能那么快达到这种水平的。通过韩语等级考试后，鹿晗又在韩国首尔综合艺术大学实用音乐艺术系，进行专业学习。

2010 年，SM 公司联系鹿晗，让他进入公司成为练习生。

成了练习生，通过公司组织的培训，表现优异的就可能被运作出道。但这并不意味着踏上了成星的坦途，而是磨难的开始。

韩国娱乐业对练习生的培训在全世界是出名的严苛，而 SM 公司对练习生培训之严酷则是在韩国业内拔尖儿的。作为练习生，要学习舞蹈、唱歌、礼仪、演技等各种课程和作词、作曲、乐器等选修课程。据曾签约同公司的艺人韩庚披露，他当时每天要跳 8 小时的舞，有些动作每天要做成百上千次，并且持续一个月。网上还有消息说，练习生中在训练时没做到、没做好的人会被体罚甚至打骂。同时，为了保持形体，练习生们的饮食也要被严格控制，基本吃不饱。SM 公司把练习生分为 A、B、C 三个层级的培训班，从 C 级开始，达到要求就晋级。而即便是升入 A 班，仍然有将近 80% 的人会被淘汰，即便没被淘汰，也不一定能够被安排出道。许多练习生在这里待了三五年甚至七八年，仍然没能出道。不仅如此，练习生之间也存在着竞争关系：你努力，别人就比你还努力，若想超过别人，你只有更努力。

在这样的环境里，鹿晗仅仅经过一年半的训练，就在 2011 年年底被推出，并在次年 4 月正式出道。其出道之迅速、成功，足以让其他练习生眼红。

鹿晗能这么快出道，固然有其先天条件优越的因素，但仅用一年半时间就从 SM 公司的练习生中脱颖而出，足以证明他的努力胜于一般人。我们或许能够想象他的日常生活，但想象和体验毕竟有着天壤之别。所以，站在客观的角度来说，鹿晗能有今天的成功，正是因为他当初付出了远超我们很多人的努力，并不是单单靠幸运。

即便是现在成名了，鹿晗依然没有松懈，反而更加努力。据制片人杨晓培评价，鹿晗不是那种对口型的“小鲜肉”，每天拍戏之前都会把台词背熟。足见鹿晗已经将努力养成了习惯。

所以说，一个人有多努力，经历了多少辛酸旁人不会知道。而当他成名的时候，我们能看到的只是他多么有钱、多么红、多么有地位。这样只能让我们把别人的成功都归结为运气好，忽略他们的努力，让我们觉得成功是这么容易——现在有很多人跑去参加各种选秀节目，还有很多人买好几千元，甚至好几万元的彩票，就是抱着想靠运气一夜暴红、暴富的心理。

然而，没有足够的努力坚持积累，即便暴红、暴富又怎样呢？这些年我们已经见过太多一夜成名、一夜暴富又突然杳无踪迹的人了。

不经历风雨，怎么见彩虹？没有人能随随便便成功。所以，不要再眼红别人的风光了。别人能成功，只是因为他们比我们更有毅力，更能坚持，更加努力。仅此而已。

阅读笔记

幸运都是坚持换来的，没有人可以不劳而获

中国民间有句俚语：捡钱还得弯腰呢。这句话专门用来讽刺那些天天“做梦娶媳妇”，一心想着不劳而获的人。

其实大多数人都可以走运，但是要先为此付出一些代价。这就好比我们想要出去看风景，但如果一直待在家里，不愿意长途跋涉，也就享受不到外面世界的精彩。又好比我们想要创业开公司，受到风险投资机构的关注和投资，这可以称为幸运。但如果我们不懂得企业管理，更不懂市场营销，甚至连基本的创意都没有，风险投资机构还会找上我们吗？

幸运光临每一个人的情况都有所不同，时间更是有早有晚，但前提都是你达到了那种幸运所要求的“度”。较高的“度”要求你付出与其等量甚至超额的努力，才能获得幸运女神的垂青。

随着《小苹果》风靡大江南北，词曲作者“筷子兄弟”组合之一的王太利，也渐渐被越来越多的人所认识。王太利这种长相普通、年龄偏大、非科班出身又跟娱

乐所圈没关系的人纯属“草根”，但是他居然以网络“票友”的形式“混”进了娱乐圈，参演了10部电影，改编、创作出4首脍炙人口的歌曲，其中一首还是红遍世界的“神曲”，这也可以算得上是奇迹吧！然而，这奇迹的分量，只有当事人自己最清楚。

王太利，1969年出生于山东潍坊。小时候听了迈克尔·杰克逊的歌，从此成为杰克逊的铁杆歌迷，开始梦想要做一名歌手。

王太利的父亲希望他将来能接手自己的生意或者搞其他实业，踏踏实实赚钱。但是王太利始终不肯放弃当歌手的梦想。

1993年，攒了一些钱的王太利第一次离开家乡，只身闯入北京，想要学唱歌。但是，人生地不熟的王太利不知道去哪里学，为了不坐吃山空，于是就一边打工一边打听，其间他做过收银员，送过外卖，卖过保险，卖过画……几个月后，王太利终于打听到了一位音乐老师。老师让他唱两句听听，然后就委婉地拒绝了他。

王太利没有灰心，又打听到东方歌舞团一位老师在办声乐培训班，于是他找到东方歌舞团报名，却被告知这是个函授班。好心的工作人员告诉他中国音乐学院有个流行音乐培训班，让他去试试。王太利又找到了中国音乐学院，却从校园保安那里得知，这个培训班已经停办了。

虽然连番吃闭门羹，王太利仍然坚持梦想，甚至跟一个普通短期培训班的女同学说不惜卖肾也要当歌星。吓得女同学再也不敢跟他说话。

很快，这一次进京的积蓄要花光了，王太利收拾行李返回家乡。但很快，又攒了些钱的王太利再次杀回北京，依旧是到处寻访名师，依旧是坚持要做歌星。不久，钱再次花光，王太利再度返乡，但没多久就又揣着新攒的钱进京。就这样，王太利不知在北京与潍坊之间往返了多少次。这中间，因为听说广州那里流行音乐很火，歌手很多，王太利还特地跑到广州去寻找圆梦之路，然而仍然以失败告终。

最终，王太利还是坚定了在北京寻找实现梦想机会的想法，在北京开起了饭馆，赚了些钱之后又干脆成立了一家文化公司。结果王太利的文化公司很快就因为资金用尽而倒闭。于是，他又开始利用自己的美术功底开了广告公司。总之就是这样在北京扎了下来，想方设法寻找圆梦机会。

一天，王太利在中央美术学院的食堂吃饭的时候，想起自己手头接的一个广告急需完成，就跟食堂里的美院学生打听认不认识会拍广告的同学。或许真的是老天被感动了，这名被王太利随意拉住打听的同学，把自己认识的大四在校生肖央介绍给了他。彼时，肖央正在北京电影学院读影视广告导演专业。至此王太利得以与事业上的另一半相遇。

肖央比王太利小 11 岁，是个“80 后”，人生中的第一份工作，就是给王太利拍广告。之后，两人成了至交好友。

2007 年，王太利突发灵感，以一首日本歌曲的旋律填词，写出了《祝福你亲爱的》这首歌，发给了肖央。肖央见猎心喜，与王太利商量一番后，各出资 1 万元，以《祝福你亲爱的》为基础，拍摄出搞笑 MV《男艺伎回忆录》，在猫扑网放出。没想到，这首 MV 一下在网络上爆红，还拿下首届播客大赛特等奖。从此，以“筷子兄弟”为名的王太利、肖央组合在网络上有了知名度。2010 年，作为业内小有名气的新锐，“筷子兄弟”参与了以青春励志为题材的《11 度青春系列电影》的微电影项目，拍摄出微电影《老男孩》。这部向青春致敬、向已故著名歌手迈克尔・杰克逊致敬的微电影及同名歌曲再次爆红网络，惹得一众“70 后”“80 后”网民泪奔。2014 年，王太利自己填词作曲的《老男孩之猛龙过江》主题歌《小苹果》，经过韩国专业团队的包装，从网络上红到了网络下，从幼儿园红到了城市各个广场。王太利，一个外行，一个未经过专业学习、指导的“票友”，从此终于真正成为一名演员，一名歌手。

到 2014 年真正成为中国演艺圈明星时，王太利已经 45 岁了。自 1993 年进京追梦，从演艺圈圈外人到圈内人再到网络红人，王太利用了 21 年。

这 21 年里，王太利坚持自学，坚持梦想，终于遇到了“另一根筷子”，终于写出了爆红网络的歌，写出了波及全球的神曲，圆了他几十年的梦。如果他中间有任何一次因为觉得艰苦而放弃，就不会遇到那个对的人，做成那一件件对的事。事实上，遇到肖央，拍成《男艺伎回忆录》进而拍出《老男孩》，写出《小苹果》，都是王太利的幸运。而能够获得这一个个幸运，累积成最终的成功，就是靠王太利从未放弃的坚持。

世界上的事就是这样，想要得到什么，总要付出些什么。想要得到的东西越难得到，要付出的代价就越大，也就越需要坚持。就像王太利，一个本来可能跟艺人不搭界的人，用 21 年的坚持换到了幸运，换到了成功。

阅读笔记

……………………………………………………………………………………

……………………………………………………………………………………

……………………………………………………………………………………

坚持的人会继续坚持，坚持不了的人才会说没有意义

人做一件事的时候，尤其是开创自己的事业的时候，总难免遇到挫折、失败。那么，你失败多少次才会放弃？一次？两次？十次？二十次？

中国有句古话叫作：不见棺材不落泪，不到黄河不死心。这句话通常被用来讽刺一些人执迷不悟，非得在最后关头才知道后悔、放弃。但这话也还有另一种解释，那就是：只要不到实在不行了的地步，就坚决不放弃。

有时候，人确实不能一条道跑到黑，但总要分什么样的情况、什么样的事。如果相信自己是对的，那就应该坚持做下去，不要管旁人说三道四，不要被内心深处的懦弱和惰性所引诱。

北宋诗人王令有一首《送春》写得好：三月残花落更开，小檐日日燕飞来。子规夜半犹啼血，不信东风唤不回。干事业的时候，一段时间内可能看不到希望，有的人经历几次挫折后就开始怀疑事业，怀疑自己，怀疑他人，觉得再干下去就是浪费时间和生命，就会动摇进而放弃。但有的人就真如杜鹃啼血唤春风一样，

对于认准的事九头牛也拉不回。这样的人，可能会经历更多的失败，但最终大多都能取得不同凡响的成就。

“哈兰德·桑德斯”这个名字相信绝大多数人都没听说过，但是这个名字的拥有者，非常多的中国人都见过。他到底是谁，看下去你就会知道。

桑德斯 1890 年出生于美国印第安纳州亨利维尔附近的一个普通农庄，父亲在他 6 岁时就去世了，留下母亲和 3 个孩子艰难度日。

为了生计，桑德斯的母亲接了很多份工，忙得顾不上孩子们。桑德斯作为老大，很小就要代替母亲操持家务，照顾弟弟妹妹。7 岁时他就已经熟知十余种乡村烹饪配方，练就了一身好厨艺。

后来母亲再嫁，桑德斯与继父关系很差。他 12 岁就跑出去打工，先后做过农场工人、粉刷匠、铁路消防员、摆渡人，卖过保险，卖过轮胎，甚至做过“产婆”，还因为改大了自己的岁数而被美军征兵入伍，在古巴服了几个月的兵役。其间，他自修了法律，因此还曾在阿肯色州的一个法庭工作过一段时间。总之，从 12 岁到 40 岁这段时间，桑德斯在美国辗转流浪打工，做过很多职业。

1930 年，已经成家的桑德斯带着一家人到了肯塔基州，拿出积蓄开起了加油站。就在这时，桑德斯发现因为附近没有餐馆、便利店，前来加油的客人经常饥肠辘辘，于是开始用加油站的厨房做饭菜外卖。就是这时，桑特斯推出了独家招牌菜——炸鸡，并以“肯塔基州”来命名这款炸鸡。KFC 就是 Kentucky Fried Chicken（肯塔基炸鸡）的缩写，传入中国时被翻译为“肯德基”。是的，这时你肯定已经猜到，哈兰德·桑德斯就是肯德基的创始人，就是肯德基 LOGO 里那个戴着黑框眼镜微笑着的白胡子老头儿。

肯德基炸鸡又嫩又香，一经推出就大受好评。甚至大量顾客来加油站只是为了吃炸鸡。桑德斯索性就在加油站的马路对面开了餐厅，一边经营，一边钻研如何把自己的招牌炸鸡做到极致，由此研究出了几十种调味料的配方。桑德斯的炸鸡逐渐声名大噪，肯塔基州长为了表彰他对肯塔基州饮食做出的杰出贡献，还为他颁发了上校军衔。于是，桑德斯有了“肯德基上校”的外号。

既获得了顾客好评，又有了政府表彰，大受鼓舞的桑德斯跟银行借了一大笔钱增加投入，兴建了汽车旅馆，进修了管理课程，还经过反复试验，研究出了借助压力锅缩短炸鸡时间并提升味道的好方法，这一方法沿用至今。

不幸的是，第二次世界大战爆发了。美国战时的汽油配给制度使他的加油站关了门。桑德斯当时不以为意，开始专心做炸鸡。但 1946 年，肯塔基州跨州公路工程启动，桑德斯的餐馆占地被征。桑德斯所得的补偿和变卖资产得来的钱，加上存在银行的全部积蓄，全都用于还债了，以至于桑德斯当时只能靠政府每月给的 105 美元救济金度日。

桑德斯那时已经 56 岁，但他却不甘心就此放弃，成为靠救济金度日的废物。他经过认真思考，决定向其他餐馆推销他的炸鸡方法，自己收取利润分成。

于是，桑德斯穿着白西服，打着黑色蝴蝶结，开着 1946 款的老福特，载着成品、配料和秘方开始了推销之旅。

在走进去的第一家店，满怀热情的桑德斯只得到了一个“No”。餐馆老板根本不信桑德斯的炸鸡有他说的那么好，也不觉得自己有必要为他的秘方付钱。炸鸡谁不会做呢?

桑德斯只好转身去下一家餐馆。第二家餐馆老板给出的仍然是“No”，第三家还是“No”，第四家，第五家，第六家……全部都是“No”，没有一个“Yes”。

谁能猜到桑德斯一共被拒绝了多少次？整整两年时间里，他被拒绝了 1009

次！这 1009 次“No”，可以说每一次都像是一把刀插进桑德斯的心口。如果换作是我们，我们承受得住吗？很多人可能会因几百次几十次甚至几次拒绝就打退堂鼓了。就连电影《第 101 次求婚》中的男主人公星野达郎都在第 100 次放弃了，反而是女主角矢吹熏回心转意，才成全了第 101 次求婚。100 次拒绝已经够让我们瞠目结舌，何况是上千次被拒绝呢？但是，已经 62 岁的桑德斯却没有放弃，坚持敲开了位于盐湖城的自己找到的第 1010 家餐馆大门。这一次，他得到的是“Yes”。

是的，第 1010 次，一个圆满的数字，桑德斯终于得到了他的第一个客户。1952 年，盐湖城第一家被授权经营的肯德基餐厅建立了，这是世界上首次出现餐饮加盟特许经营。就像是打开了幸运宝盒，有了第一个“Yes”，很快就有了第二个、第三个。1955 年，肯德基有限公司正式成立。到了 1957 年，桑德斯已经在美国和加拿大发展了 400 家加盟店

1964 年，74 岁的桑德斯感到自己年纪太大了，于是恋恋不舍地将自己的事业以 200 万美元的价格出售给投资集团。而桑德斯本人因为声誉巨大，被聘请为肯德基炸鸡的终身发言人。

桑德斯的经历告诉我们：60 岁创业仍不算晚，1000 次失败仍不算多，只要你相信自己，肯坚持下去，你总会有所收获。

永不放弃，这就是成功者的心得。在没有抵达前，没有人知道成功距离自己有多远。很多人也就倒在了距离成功一步之遥的路上，只因为他放弃了坚持。而如果你能像桑德斯那样坚持下去，甚至不畏惧第 2009 次拒绝，不畏惧第 10009 次失败，你就肯定能成为至少不输给桑德斯那样的伟大人物。

轻而易举得到的东西往往不靠谱

很多人都知道成语“守株待兔”。这个成语出自于战国时期韩国思想家韩非所写的《韩非子·五蠹》。这则寓言故事说明了，幸运这东西是一个小概率的随机事件，而且越是幸运，发生概率越小，发生时间、地点越不可测。而且幸运还是一把双刃剑，也就是《道德经》所说的“祸兮福所倚，福兮祸所伏”和《淮南鸿烈集解》的典故“塞翁失马焉知非福，塞翁得马焉知非祸”。尤其是如果获得的幸运是凭空而来的，不是通过努力获取的，那很可能好事变坏事，幸运变霉运。

美国纽约布鲁克林区有一个叫里奇·兰达佐的人。他的工作是给公园大道1021号看门，类似于我们常说的门卫、更夫的工作。这份工作虽然听上去不怎么样，但是年薪却有4万美元。这薪水在美国对于普通人来说也挺高了。

2008年5月的一天，一个巨大的幸运光顾了里奇——他花10美元购买的彩票中得500万美元大奖！

有了500万美元的横财，里奇的下半辈子应该不用愁了。领奖那天，里奇特意叼了根儿大雪茄，以表示“从今天起，哥就是有钱人了”。他这张叼着雪茄领奖的照片一时间霸占了美国各大媒体的头条，使他成了红极一时的新闻人物。

拿到大奖的最开始，里奇还信誓旦旦地说他不会因为有钱了就坐吃山空，不会忘本，不会辞掉给公园大道1021号看门的工作。他也确实说到做到，没有辞职。但是，中奖两个月后，他因为工作态度不好被解雇了。确实，没有积蓄时需要年薪4万美元的工作维持生活，工作时自然谨小慎微，兢兢业业；可中了大奖，那就是“手里有粮，心中不慌”了，有几人还能维持初心，保持跟中奖前一样的工作状态呢？

虽然被解雇了，里奇一点儿也不懊悔。他觉得自己这么有钱，身为“纽约最牛单身汉”，还会在乎一份年薪4万美元的工作吗？丢了就丢了呗。里奇索性搬到了新泽西州的亚特兰大，买了一座豪华别墅，过起了纸醉金迷的奢华生活。就在这时，一直单身并且突然变得“多财”的里奇结识了特萨宾娜·约翰逊。两人很快就开始双宿双栖，到处游山玩水，还被《华盛顿邮报》邀请拍杂志写真，更有电视台长期跟踪拍摄。

俗话说：乐极生悲。有钱之后总抽雪茄彰显身份的里奇被确诊换上了肺癌。手术一年半之后，性感的特萨宾娜离他而去。而里奇和癌症斗争了近6年之久，多次治疗之后，病情仍未有好转。最后在布鲁克林几乎不为人知地死去。

事实上，里奇的经历不是个案，结局也不是最惨。经常有中了大奖的人，在中奖几年之后被发现变成了穷光蛋，或者染上了毒瘾，或者变成了赌徒，或者因为不适应再度变穷铤而走险去犯罪。

别说中大奖的幸运儿，我们的生活中也经常有人猝不及防一夜暴红，结果心态失衡。比如被网友称为“灵魂舞者”的成都黄龙溪拉面师傅田波。2017年春节期间，“一根面”师傅田波一边跳舞一边甩面的视频被传到网上，一夜暴红，很多游客慕名而来。走红 20 天后，因为和面馆老板谈加薪没有谈拢，田波从面馆辞职，跑出去接商演、做主播。但是，纯表演又跟卖面不同，光靠那么三四段自编舞蹈撑场面，终究不是长久之计。而且，田波接了一次商演，发现自己的性格并不适合，便极力想摆脱“网红”光环，只想做一个普通的拉面师傅。几个月后，他重新回到黄龙溪，并且不太希望被别人关注。

人人都希望自己特别幸运。但若没有打好基础，那么，突如其来的幸运可能并不比突如其来的灾祸更好。因为幸运是留给有所准备的人的，而这些人往往都是为梦想坚持了很久的人。只有他们具备相应的资质，才能偶遇幸运，接住幸运，让幸运激发出自己积淀已久的能量。如果拉面师傅对跳舞的确情有独钟，并且在这方面的确下了很大功夫，那么他走红后即使不在拉面馆工作，也能找到待遇不错的商演。只可惜，拉面师傅的舞蹈表演仅仅是业余爱好，自己并没有深入研究，离开了赖以为生的拉面工作，才知道自己原来向往的并不是做商业演出的生活。

过去常说梦想不劳而获的人是“等着天上掉馅饼”。天上有可能会掉馅饼，但天上掉下来的馅饼可能会把人砸死，或者把人毒死，甚至掉下来的根本不是馅饼，而是陷阱。比如说各种变形的庞氏骗局。这个骗局也叫金融或者投资诈骗，传销就是其中一种形式。因为庞氏骗局的本质，就是俗话说的“拆东墙补西墙”。他们利用新用户的钱来向老用户支付利息和短期回报，这样就给人一种高利润的假象，以此吸引更多的人入套。所以，当听说某种赚钱非常快的方式的时候，尤其是需要发展下线才能收回成本，你就要提高警惕了。

世界上根本就不存在容易到手的成功，否则，这世上就不会有失败者。与其做梦幻想有朝一日发大财、中大奖、出大名，还不如先做点靠谱的事情，相信只有脚踏实地坚持自己的梦想，才是最稳妥的成功之道。那些轻而易举得到的，往往不靠谱，结果甚至会比未得到之前更凄惨。

阅读笔记

你尽力了才有资格说自己运气不好

人最容易犯的毛病就是总觉得自己是世界上最不幸的那一个。我们经常会听见有些人以各种理由抱怨自己的不幸：父母文化水平不高，没法给我更好的家庭教育；出生在县城甚至农村，没有大城市的人见多识广；朋友公司的氛围和薪资待遇都特别好，而我经常辛苦地加班还没有加班费；创业没赶上好时候……总之，这类人就是自认为不比别人差，之所以没成功，无非是运气不好而已。

仔细观察起来，真正特别倒霉的人或许是有，但跟真正特别幸运的人一样极其稀少。就像上学的时候，班里成绩拔尖的学生和成绩糟糕的都占少数，大部分同学并不很好，也并不很差。其实社会中的现象很多都是如此，我们大多数人现在都是在平均值上下的水平。

绝大多数自认运气不好的人都是眼高手低，觉得自己很好，其实做事态度不端正，工作喜欢应付了事，自己做事不努力，瞧见别人成功了心里又不舒服，于是不屑地说：“嘁，有什么呀？他不就是运气好吗？”

其实这世界上的大多数人没有什么运气好或不好，更何况运气特别好也未必就能成功，运气特别不好也未必就会失败。一个没有足够努力的人不该为自己的失败找任何借口——如果你都没有尽全力，没有坚持到最后，你怎么知道前面等待你的是幸运还是不幸，是坦途还是天堑呢？

如果要比较运气，相信接下来提到的这位绝对有资格说他的运气比任何人都不好。

澳大利亚人尼克·武伊契奇，1982年出生于墨尔本。在他降生到这世间时，他的父亲看见他第一眼就被恶心到了，跑出产房呕吐不止。他的母亲一时之间也是没有办法接受自己生出这样一个怪物，直到他出生4个月后才鼓起勇气抱起他。因为尼克是一个海豹肢症患者，天生没有上肢，也没有健全的下肢，只在左侧臀部以下的位置长有一条带着两个脚趾头的短小而严重畸形的“腿”。尼克家养的宠物狗曾经误以为那段畸形肢体是一根鸡腿而试图吃掉它，所以尼克的妹妹开玩笑地把它称为“小鸡腿”。

好在尼克的父母最终没有抛弃这个身体残缺的孩子，精心照料的同时，还教会尼克游泳，并训练他用那两根畸形的脚趾使用电脑键盘和写字。为了让尼克融入社会，他们还把尼克送进普通小学上学。在这里，因为身体的怪异，尼克受到了其他同学的歧视、排斥和欺凌。这让尼克感到极大的痛苦和难过，并且开始痛恨自己长成这个样子。当他冲他的妈妈嘶喊“我想死”的时候，只有8岁。10岁那年，他试图在洗澡时淹死自己。

随着逐渐长大，尼克从消沉、自怜中走了出来，变得开朗乐观。他觉得虽然自己没有健全的肢体，没办法像正常人那样行动，但也不应该自暴自弃、消极悲观。虽然命运对他如此残酷，但是他偏要活得比普通人都更精彩。

一个没有四肢仅有一根“小鸡腿”的人，想要做很多正常人都不一定做得来的事，那就意味着他要比正常人吃更多倍的苦。尼克不仅学会了写字、使用电脑，能够自己刷牙、洗头，还学会了骑马、打鼓、游泳、踢足球、打高尔夫、滑板、冲浪，甚至首创了在冲浪板上360度旋转这样的超高难度的动作。他的努力没有白费。渐渐地，他赢得了周围人的尊重和敬佩，7年级时被选举为学生会主席。他付出了超越常人的努力，考入了大学，并拿到了金融财务专业的学士学位。

成年后的尼克认为，先天条件注定使自己在一些领域处于劣势，难以赚钱养活自己，但自己还有足够聪明的大脑，也有过人的口才，那么自己应该把劣势变成优势，做一个演说家，用自身做例子去激励别人。于是，19岁时，他给一所学校打电话，希望对方能有偿请他去做励志演讲。然而，命运不会因为尼克的先天不幸就可怜他。那所学校根本没听说过尼克的名字，对于花钱请一个毫无名气的人做演讲没有任何兴趣。但成功人士都有一个特质，那就是认准什么事就坚持不懈，不会因为遇到挫折就轻易放弃，尼克也是如此。第一次被拒绝后，他毫不气馁，坚持不懈地与校方进行沟通，决心说服对方。在尼克多次的来电中，校方让步了，说：“好吧，我们可以给你5分钟的时间，如果你能打动我，我愿意为你的演讲支付50美元作为报酬。”结果，尼克磁性的嗓音、清晰的思路、幽默的话语以及极具说服力的人生经历使他的第一次演讲非常成功。尼克的励志演说家生涯就从这一次50美元报酬的5分钟演讲开始了。

现在，尼克已经在澳洲、美国、加拿大、中国等25个国家和地区举办了数百场励志演讲，受到各国政要接见，出版了5本个人著作，还赢得了日本姑娘宫原佳苗的芳心，在2012年与其举行了婚礼，得到了来自世界各地的祝福，并在一年后迎来了自己的儿子。

尼克在演讲中总结自己的经历，告诉人们：

人生的遭遇难以控制，有些事情不是你的错，也不是你可以阻止的。你能选择的不是放弃，而是继续努力争取更好地生活。如果你失败了，再站起来。失败不可怕，而是要坚持，要继续尝试生活中的各种不可能。如果发现自己不能创造奇迹，那就努力让自己变成一个奇迹。

比起尼克，我们几乎所有人都比他更幸运。然而，我们大部分人却没有取得像他那样出色的成就，因为我们都没有像尼克那么努力过。我们有手有脚，却没有拼尽全力；尼克·武伊契奇完全有理由自怨自艾，甚至先天具备不劳而获的条件，但是他却选择了拼尽全力活出自己的精彩。所以，我们被他超越了。这也恰恰说明，如果我们也能够拼尽全力的话，虽然不一定能做到像尼克这样世界知名，至少也会比现在过得更好吧？很多的人总是抱怨自己运气不好，什么生不逢时啊，条件不允许啊，所以才没有得到自己想要的成功，自己什么都不做，却把原因归结于运气不好。仔细想想你自己努力了吗？你只有尽力了，还没有成功，才有资格说自己运气不好。

所以很多人到了步入老年的时候，总是后悔地说：我当年要是努力读书的话……我当年要是努力工作的话……我当年要是攒钱开一家小店的话……人生是不能重来一遍的，所以后悔是没有用的。套用奥斯特洛夫斯基的话来说，一个人的生命是应该这样度过的：当他回首往事的时候，他不会因虚度年华而悔恨，也不会因碌碌无为而羞耻。人生不长，坚持努力做好自己，为了目标不懈奋斗，这样不管结果如何，都不会让自己后悔。

学会休息，而不是放弃

所谓坚持，所谓拼命，并不是说让人废寝忘食以至于积劳成疾甚至“过劳死”。

正所谓“行百里者半九十”，要走一百里路，走了90里其实只相当于走了一半，剩下的10里才是最关键的另一半。许多人就恰恰是在自己要做的事进行到紧要关头时，会感到特别疲惫，会被过程中的失败打击得没了自信。这时也恰恰是一个人容易在内心深处暗示自己放弃的时候。而一旦就此放弃，那可就前功尽弃了。

面对身心的疲惫，我们不应该放弃，这样未免过于极端。谁说疲惫了就一定会选择放弃呢？为什么不好好休息一下，调整身体和心理状态？

学会休息是一门学问。列宁有句名言流传甚广：不会休息的人就不会工作。人的身体决定了任何一个人无论是精神还是肉体，都不能长时间处于紧张状态。弦绷得太紧会断，人绷得太紧会垮掉。过犹不及，什么事都不能做过头，必须张弛有度，收放自如，才能在工作和生活中都保持饱满的精神状态。

要想成为一名成功人士，首先就要有旺盛的精力去支持自己的行动。如果一个人非常疲惫又不肯休息，每天都带着两只“熊猫眼”有气无力、无精打采地去上班，这样的状态我们怎么会奢望他成功？只会担心这家伙会不会突然倒地不起。

2016年，王健林的一份11月30日的日程表在网络上传得沸沸扬扬。很多人自惭形秽地说：王健林居然4点就起床了，现在知道我为什么这么穷了。王健林诚然是比我们绝大多数人都要更努力，4点就起床，晚上7点还要到办公室处理事物。但是我们也要看到，即使工作繁忙，他每天都坚持健身一个小时，并且也不是连轴工作十六七个小时，中间有充足的休憩时间。而且，相信王健林也不会像许多年轻人一样热衷于熬夜晚睡。包括健身在内的充足休息才是王健林可以每天十几个小时都处于工作状态的保障。

圈内还有一位著名老总张朝阳。

张朝阳，搜狐公司CEO。1998年，张朝阳推出搜狐网，与网易、新浪成为当时中国国内三大门户网站。2000年，搜狐在美国纳斯达克成功挂牌上市，2002年，搜狐打破中国互联网的僵局，实现赢利。现在，张朝阳除了有资格参与搜狐的股权奖励计划，作为公司董事局主席兼首席执行官，我们可以想象张朝阳每天有多忙，既要处理公司日常事务，又要思考、规划公司的现在和未来，等等。但是张朝阳也特别会休息。

张朝阳的休息方式就是登山和练瑜伽。他曾经和万科老总王石一起登顶海拔5355米的四姑娘山大峰雪山；并在2003年攀登珠峰，登上了海拔6666米的高度；同年10月登顶海拔5396米的云南哈巴雪山；2008年10月，成功登顶海拔6330米的唐拉昂曲峰。虽然说张朝阳在业内不是最富有的，但估计可以称得上是最会登山的。不过，登山这种体能消耗特别大的运动不能常做，所以张朝阳日常最喜欢的是瑜伽。他上《鲁豫有约》和《天天向上》节目时透露自己经常做瑜伽动作以缓解身体的疲劳，甚至听下属汇报工作时也是一边听一边配合以瑜伽动作。2015 年，张朝阳又开始跑步锻炼，每天跑 7 公里至 10 公里。

通过各种锻炼，张朝阳将自己的身体状态调整得非常好，好到 50 多岁的人可以跑全程马拉松。

通常，媒体喜欢把一些著名的成功人士渲染成超人，说他们一年 365 日不休息、每天工作 12 小时……实际上，如果这些人不休息，肯定早就累垮了。只是他们的休息方式不是躺在床上睡懒觉、看电影等休闲娱乐性质的，而是运动、锻炼身体。运动对人的好处非常大，自不必说，但只有坚持下去才会成为习惯，进而成为享受。

不止王健林、张朝阳，现在，全世界范围内的商务人士对保持身体健康的意识越来越强，大多都选择用运动的方式调节身体，得到休息的同时又能达到健身的目的，也能用更加充沛的精力来迎接繁忙的工作。但是很多人却把休息和放弃混为一谈了，休息是为了调整到更好的工作状态，让自己可以坚持更久，而不是直接放弃。

人需要休息，还要会休息，更要坚持科学的休息方式。最要不得的是打了鸡血似的蛮干，虽然也很可能取得成就，但代价却可能过于惨重。当然也不能“但愿长醉不愿醒”，放任休息，然后顺势放弃。毕竟“好吃不如饺子，坐着不如倒着”，人一旦被惰性心理俘虏，想再站起来可就难了。

所以，想要自己坚持更久，走得更远，就要学会休息。在努力的过程中累了，就稍微停下，调整一下，用自己最好的状态来坚持未做完的事情，这样才能让自己一直保持激情去工作、去生活。

Chapter 2

心态：幸运就是不抱怨世界，爱上生活中的不完美

心理学家说，每个人其实都活在自我设置的情境之中，关键在于面对任何一种境遇，都需要与之相适应的心境去对待。对心境的选择不一样，反映在生活质量上也不一样。热爱生活的人都是心态积极的人，几乎每天一睁眼都有好心情，全身充满活力与干劲儿，做事积极主动，也就自然更能把握机会。心态消极的人，整天一肚子不合时宜，或者感觉自己太没用，或者认为社会太残酷，总是在潜意识里告诉自己“不要去努力，没用的”，总是不肯积极地去迎接生活的挑战，哪还有心情去关注机遇在哪里呢？

永不抱怨的人生态度才是第一位的。

——阿里巴巴集团　马云

热爱生活，好心态带来好运气

在不同的人看来，生活是不同的。有的人觉得生活枯燥乏味，每天都是重复做相同的事；有人觉得生活痛苦难熬，让人不愿面对；有的人则觉得生活丰富多彩，颇多新鲜和挑战。而我们如何看待生活，实际上就是我们在选择什么样的生活。只有热爱生活的人，才能在享受着美妙多彩的生活的同时拥有更多好运，一步步把梦想变成现实。

为什么说热爱生活的人会有好运气呢？因为我们从来没发现过一个对生活充满抱怨甚至完全绝望的人会拥有好运，而那些热爱生活的人，往往更能获得好运的青睐，抓住人生中的机遇。

有位进京赶考的秀才住进了一家客栈，准备应试。俗话说“日有所思，夜有所梦”，就在科举考试开始的前两天，整日想着考试的秀才晚上睡觉时做了三个梦：第一个梦是梦见自己在很高的围墙上种水稻；第二个梦是梦见自己下雨天出门，披着斗笠还打着伞；第三个梦是梦见自己与一个美女躺在床上，却是背对背。

第二天早上醒来，秀才特地找算命先生解梦。算命先生说：“你这次科举看来是没戏了。高墙上种水稻，说明你是白费劲；下雨天披着斗笠还打着伞，分明是说你这次来考试是多此一举；与美人背对背躺在床上，那就是说没戏。所以我说你这次考不中。”

秀才觉得算命先生说得有道理，于是非常沮丧，愁眉苦脸地回到客栈收拾行李，准备回家。客栈掌柜见秀才还没考试就要走人，觉得奇怪，问明缘由后哈哈大笑，说：“要我说啊，你不应该走，你做的三个梦分明是好兆头啊：高墙种水稻，这不就是高中的意思吗？下雨天披着斗笠还打着伞，这不说明是万无一失吗？第三个梦与美女背对背躺在床上，这不是说你马上就要翻身了吗？所以说，你这次应该是一定高中的，可不能放弃啊！”

秀才一听，觉得店掌柜的解梦更有道理，心里十分高兴，于是留下来应试，果然高中。

这只是个寓言故事，但是讲的道理是对的。赶考的秀才开始时因为算命先生的解释而心灰意冷，心态变差，差点失去人生中难得的机会。类似这种情况，现实中也有。比如我们都知道有一类学生，平时学得很好，肯用功，作业、习题都能做得很好，就是一到考试就发蒙，小考小蒙，大考大蒙，本来一本的实力，但考试成绩连二本都够不上；还有一类学生，平时学得好，但是考试成绩比平时更好，本来二本的实力考出了一本的分数。这两类学生就是心态影响运气的典型例子。前者就是心态差，一参加考试就害怕考不好，焦躁不安，导致平时会的知识点忘掉了大半，自然就考不好；而后者则是镇定自若，并不惧怕考试，不仅会做的题不会做错，不太有把握的题也能因为足够冷静而做到最好，自然就会比平时成绩更好。

哲学中说过：世界是物质的，物质是不会因为意识而改变的。但对于人类而言，我们的心态会影响我们的态度、行为，也就对结果产生了影响。许多时候我们的好运气、坏运气就正是心态的好坏所导致的。

作家刘墉在书里讲过一个故事。

他在美国留学的时候，有一回身边一个已经就业的同学向他抱怨："老板太坑了吧，我整天累死累活地工作，他就给那么一点工资，还故意拖延我的绿卡申请。"刘墉一听，故意和同学说："这么坏的老板，你辞职也罢。不过你怎么能白干这么久呢。你要多学一点东西再跳槽，这样才不亏。"同学心想，有道理啊。于是天天主动加班，留下来背英文商业文书的写法，甚至连怎么修复印机都找工人学了，想着要是自己有一天创业了，还能省一笔维修费。就这样，隔了半年，刘墉问同学："你跳槽了吗？"同学笑着对他说："我现在升职加薪了，老板对我刮目相看，我干得开心，不跳槽了。"

半年前，这位同学满脑子都是，公司就给我这么一点钱，我凭什么为他做那么多，因此做事不积极，工作效率不高，造成恶性循环。当他转换心态后，不仅自己工作愉快，工作能力也得到了认可，当然也就获得了老板的青睐。其实问题的关键在于，你为公司付出得少，老板才只能给你这么一点工资，如果想要升职加薪，努力去做不就好了吗？然而，很多人往往把这个因果关系弄颠倒，只能导致自己的运气越来越差。

总结起来，失败者的日常就是诅咒他的上司，诅咒他的公司，诅咒他的生活，一天比一天更倒霉；而成功者每天都在斗志昂扬地工作，满腔热忱地生活，赞美命运，感恩人生，一日比一日更好运。不要为人生之路沿途的荆棘而烦恼，即便是荒漠也很壮美。生活就是一面镜子，你对它笑，它也会对你笑，热爱生活，心态健康，好运气就会源源不断而来。

每个人都很独特，但特权感很可怕

大千世界，没有两片完全相同的叶子，当然也没有两个一模一样的人。即使是同卵的双胞胎，父母及身边亲密的朋友也可以把他们区分开来。这正是因为每个人身上都有属于自己的“标志”，无论是长相、习惯，还是想法、行为举止等，都是自己独特的一部分。“文学界的白衣天使”毕淑敏曾经说过，在作家、内科医师、心理咨询师的多重身份中，最让她着迷的，便是人们拥有着极其相似的生理结构，却有着变化多样的精神结构。是啊，我们不能不惊叹于大自然的造化和生物的神奇精妙。

然而，每个人都是独特的，却不代表每个人都能够成功。童年时代，有的孩子集万千宠爱于一身，是爸爸妈妈爷爷奶奶的掌上明珠，等他进入幼儿园，才发现世界不是围着自己转的，有太多的事想不明白。这种感受，随着他年龄的增长越来越能体会到。

著名的泛心理学公众号 KnowYourself 有一篇文章，讲的就是这种“特权感”。

公众号后台收到一位工作三年的朋友来信。刚刚辞职的 Ta 说：

“在进入职场后，我每年都在换工作。我很容易在工作中感到受挫，遇到的领导都不是很器重我，又常遇到严厉的上司，会批评我 PPT 没有对齐之类的小事。我总想能找到更适合自己的工作，但事实上事业的发展没有提升，工作三年了还是跟应届生的感觉差不多。我觉得不甘心，自己的底子明明很好，学校专业都不错，不想就过着这样平凡的、没有头绪的人生。我该怎么突破这样的局面呢？”

KnowYourself 主创们说，很多时候，人们在职场上遭遇的瓶颈，与他们心中不曾意识到的一种问题相关，这个问题叫作“特权感”。它被证明在更年轻的群体身上表现得更加显著，也成了一些人“成就受阻”的动因。

什么是特权感呢？顾名思义，就是觉得自己理所应当比他人得到更多的东西，享受到更特殊的优待。自大就是其中的一个表现，觉得自己的需求优于别人的需求，自己理应得到快乐和成功。这种特权感非常可怕，它不仅会阻碍我们的人生发展，破坏人际关系，还会导致自身心理不能保持健康的状态。因为认识和现实之间有落差，一个特权感高的人没有被满足的时候，就会进入长期失落，就像来信中的那个人所言，“不甘心”。

西方媒体发明了一个词，“雪花一代”，来形容 2010 年以后成年（1992 年以后出生）、具有高度特权感的一代年轻人，与曾经的“垮掉一代”“迷惘一代”所对应。因为他们看起来自信满满、将自己看作是特殊而珍贵的雪花，认为自己应该得到最好的一切，但实际上又很“玻璃心”、情绪不稳定，就像雪花一样脆弱和易融化。

网友“翌秋”对此评论说：

“从小我是最聪明的，我妈是对我最好的，我进步是最快的，我理解能力是最强的。我就是典型的‘雪花’一族。以至于后来家庭变故，到现在六年过去都无法真正接受。但也有矛盾的特权感，因为这并不妨碍我心思细腻，为他人着想，只是更活在自己的世界里罢了。比如我绝不会在一桌人面前去批评有人可能会喜欢的东西。这些表现方式并不绝对，但我依然承认，我过分看重自己。”

需要注意的是，自大和特权感并不完全对应。因为特权感指的是自身主观的感受，自大多是表现出来的样子还有别人对你的看法。

如何降低特权感？公众号主创们对此提出了以下几点建议：

1. 首先，你要意识到自己需要降低特权感。揭开这层保护膜，接受自己的缺陷和不足。

2. 进行认知重建，客观地重新评价自己，重新树立公正的价值观。

3. 学会共情和感恩，建立与他人的链接。停止与他人的比较，不要拿自己的优点和别人的缺点比较，去寻找自己和别人的共同点。你会发现，所有人都有优点，也有不足。学会感恩，需要理解这个世界上没有任何事情是你“应得”的，也没有人有义务去无条件地对你好。

4. 接受自己并无过人之处。保持谦虚，说起来容易做起来难。但你至少可以试着去观察那些更优秀的人，并时刻提醒自己：你只是一个普通人。

当你调整自己的心态，降低了你的特权感，发现自己不过是芸芸众生中极为普通的一员，你还会抱怨好运气没有主动找上门来吗？用新的眼光重新看待生活吧，也许，那时候的你，会爱上自己和这个世界的不完美。

淡定地看待所有的缺陷

上一节提到，要想降低特权感，可以试着接受自己并无过人之处。这个真相对很多人来说都难以接受。但是，世界上从来不存在完美无缺的事物，万事万物都有缺陷，区别只在于缺陷的大小多少罢了。

对于好强的人而言，缺陷的存在是不可原谅的；对于完美主义者而言，缺陷的存在是无法忍受的。但对于所有人来说，缺陷是客观存在的，并且不一定有伤大雅。中国第一个诺贝尔文学奖获得者莫言在《檀香刑》里说："世界上的事情，最忌讳的就是个十全十美，你看那天上的月亮，一旦圆满了，马上就要亏厌；树上的果子，一旦熟透了，马上就要坠落。凡事总要稍留欠缺，才能持恒。"

奥普拉·温弗莉是美国著名的访谈节目主持人，被誉为"脱口秀女皇"，同时也是哈普娱乐集团总裁。但很少有人知道，这位"女皇"当年差点儿因为一个致命缺陷而告别主持行业。

奥普拉生于密西西比州，是个黑人，很早就展露出朗诵和演讲天赋。大学毕业后，她成为巴尔的摩电视台 WJZ 的新闻记者和播音员，主持《六点钟新闻》节目。

上班第一天，她需要播报两条新闻，一条关于家暴，另一条则是有情人历经 42 年终成眷属。奥普拉性格比较情绪化，容易被感染，因此喜怒哀乐表现得非常明显。播报第一条新闻时，她表现出了极大的愤慨，还当场指责了施暴者；而播报第二条时，她又情不自禁地兴奋起来，被人间真情感动得一塌糊涂。当时的美国媒体，要求主持人保持严肃、端庄，最重要的是中立，不能有褒贬倾向。所以，奥普拉从直播间出来后，立即遭到负责人的警告："请控制好你自己的情绪。如果做不到，那请你离开这里！"

然而，奥普拉的性格是从小养成的，想要一下子改变很难。所以她最终没有学会控制自己的情绪。一些观众无法忍受奥普拉的主持风格，向电视台投诉，要求换主播。节目组也认为作为主持人，不能有这样的缺陷，理所当然地将奥普拉辞退了。

一个人，工作能力被判了死刑，怎么办？奥普拉没有被负面看法所影响，坚信自己容易被新闻事件感染的缺陷不一定是坏事，认为应该有很多观众愿意看到有倾向性的播报，愿意看到新闻主播替自己出气。很快，奥普拉说服主管，做了一档她自己风格的早间谈话节目。

于是，美国观众看到了一款新奇的新闻节目：主持人奥普拉与嘉宾一起分享新闻故事，喜悦时欢呼，悲伤时流泪……这让观众感同身受，感到了极大的满足，节目收视率创同类节目新高。

六年后，奥普拉加入美国广播公司（ABC）芝加哥分部，主持《芝加哥早晨》。她把节目原有的无关痛痒的内容拿掉，以社会热点和富有争议性的内容代之，用自己的真情感动嘉宾和观众。一个月之后，《芝加哥早晨》从一个三流脱口秀节目一跃成为一流节目；三个月后，《芝加哥早晨》成为该市收视率第一的金牌栏目。接着，《芝加哥早晨》更名为《奥普拉·温弗莉脱口秀》，在全美120个城市同步播出，每周有2100万观众收看，并在海外145个国家播出，收视率远超美国三家知名电视台总和，成为电视史上收视率最高的脱口秀节目。

克林顿看了她的节目，立即签署通过了一项保护儿童免受性虐待的联邦法律；大明星汤姆·克鲁斯在她的节目上为了向女友示爱而跳上沙发；世界级偶像迈克尔·杰克逊在她的节目里吐露了他不为人知的童年受父亲虐待的经历，并为外界传闻他漂白皮肤而辟谣……

反向利用自己的缺陷获得成功的奥普拉，2005年度登上《福布斯》"百位名人"排行榜的头把交椅，麦当娜、安吉丽娜·朱莉等一干明星都排在其后，更以14亿美元的身家成为美国黑人富翁中的第一人。美国《名利场》杂志认为她在西方大众文化中，影响力可能只比教皇稍差。

就是一个这么情绪化的女人，却成了美国人的心灵女王和精神榜样。而她能取得这样伟大的成功，却是因为她正确看待了那个让她一度丢了工作的缺陷。所以，缺陷都是相对的，不是绝对的，人人都有，事事都有，不必苛求完美。我们应该淡定地看待自己的缺陷与他人的缺陷，正确认识，冷静处理，让缺陷变成自己的优势。如果命运给某个人关上一扇门，那么必将给这个人打开一扇窗，只是很多人只在意自己被关上了一扇门，不肯去注意悄悄为他打开的那扇窗。

目光长远的人，能从自身的缺陷中看到翻转的一面；有头脑的商人，也能从外界环境的缺陷中发现商机。因为商机存在的前提，恰恰是社会需求得不到满足的点，那是未知的市场空间。企业要盈利，要扩张，必须开拓新的市场，这时候外界环境的缺陷就变成了企业的垫脚石。对于社会来说，动荡的时期就是孕育繁荣的思想文化的土壤。春秋战国时期，礼崩乐坏，兼并战争频繁。但正是因为社会的急剧变化，许多问题亟待解决，各种思想流派也随之产生。诸子百家彼此诘难，相互争鸣，以孔子、老子、墨子为代表的三大体系，形成了我国思想文化史上最辉煌灿烂的时代。

相比之下，当代很多年轻人，对某些社会现象抱着强烈的不满情绪，动不动就四处抱怨生活，哀叹自己没有生在"好时代"，仿佛他人生所有的不幸运都是社会环境造成的。其实，英国小说家狄更斯在《双城记》里那句话"这是最好的时代，也是最坏的时代"道出了真理。静下心来，客观看待社会和生活中的种种缺陷，从"愤青"变成"奋青"——奋斗的青年，才是最触手可及的解决之道。

一头驴不小心掉到了一个又脏又深的陷阱里。它很绝望，自己这么默默地从世上消失就算了，可是每天还有很多人往这个大坑里丢垃圾，这样饿死实在是太痛苦了。它哼唧哼唧地抱怨了好久，沮丧极了。突然有一天，濒临饿死的它无意间从垃圾中找到剩余的食物，发现垃圾也是有用的。于是，它转换了心态，在陷阱里欢蹦乱跳，感谢每天向它丢垃圾的人，并不断地把垃圾踩在自己的脚下。慢慢地，垃圾成了它生存下去的养料，也成了它的垫脚石。它离坑口越来越近，最后成功地走出了陷阱。

人生会遇到很多不如意的事情，拥有一颗强大的内心以及正面思考的能力是何等重要！很多时候，发生在我们身上的倒霉事也许只是一个包装起来的礼物。看到肮脏的外表，你会下意识地躲开它，憎恶它，但你若勇敢地去面对它，找到正确的打开方式，便能拥有意想不到的收获。

对抗生活，不能只会抱怨

我们这个社会，确实存在明显的贫富差距。同在一个城市，有人住在鳞次栉比的高楼大厦甚至小别墅里，也有人住在破败低矮的城中村里；有些人的孩子每天学习画画、钢琴，或者跟随父母逛迪士尼游乐园，也有些人的孩子在跟随父母蹬着三轮车卖菜。在这种社会现实下，一些人化身为“嘴炮战士”“键盘侠”，到处发泄着自己的愤怒、不满和委屈。在他们看来，如果社会不是这样而是那样，他们的日子不会过得这样糟糕。但是，靠发泄不满是无法改变生活的。世界上没有任何一个总是满腹牢骚或者愤世嫉俗的人能够实现自己的人生价值。

“香港四大才子”之一的蔡澜，曾经讲过一个令他深受触动的经历。有一次他去一家餐厅吃饭的时候，看到一个小伙子在表演。他打扮成小丑，用气球扎出各式各样的动物形状来逗餐厅的小客人开心。蔡澜了解到，他每星期来餐厅表演两次，每次 1 小时，报酬是 700 元。小伙子的主业其实是快递员，小丑表演是他的兼职。那么，一个快递员是怎么学到用气球扎动物的手艺的呢？原来这个小伙子是为了增加收入，买书自学，经过努力实践掌握了这个技艺。

我们都知道，快递员的工作很辛苦。但小伙子没有抱怨爹妈没给他赚下丰厚家业，也没有抱怨工作艰辛，而是为改变生活付出了更多的努力。他通过努力钻研、学习，为自己增加了另一门赚钱手艺，也就为生活赢得了更多保障。

自从《哈利·波特》这部小说长销不衰，并且改编成电影以来，作者 J.K. 罗琳可谓是名利双收。然而，罗琳的人生原本并非如此。她出生于一个英国家庭，父母想要个男孩，所以对她的出世并不太高兴。罗琳在缺乏父母慈爱的环境下长大，大学毕业后去了葡萄牙做英语老师，并嫁给了一个葡萄牙人为妻，育有一女。没想到，这个葡萄牙丈夫脾气非常暴躁，婚后经常因为琐事对罗琳实施家庭暴力。忍无可忍的罗琳最终选择离婚，带着女儿回到了英国。这时的罗琳没有工作，没有朋友，又与不近人情的父亲断绝了关系，丧失了一切经济来源，只能与女儿蜗居在一个破旧的小公寓里，靠政府救济度日。而政府的救济金除去维持生存的花销，连付房租都不够。

罗琳的人生此时陷入了绝境。她也曾经因此对生活绝望，对命运怨恨，对人生悲观，以至于一度患上抑郁症差点儿选择自杀。但是，对女儿的爱和责任，支撑着她挺了过来，她认识到必须靠自己走出困境。于是她开始重新面对生活，把对生活的抱怨和不满转为创作的动力，她开始以曾经在脑海中构思无数遍的题材创作小说，在艰难困苦的生活境况中历时 5 年，创作出了《哈利·波特》的第一本。在历经 12 次出版社退稿之后，一家濒临倒闭的出版社以 1500 英镑的低价同意出版 500 册。罗琳从此一举成名，从一无所有的失业妇女变成身价 10 亿美元女富翁，比英国女王还富有。现在，轮到她无情的父亲和前夫来抱怨命运了。

“老干妈”辣椒酱的创始人陶华碧，出身于贵州偏僻山村的贫困家庭，没上过几天学。在农村，女孩从小就要操持家务。家里人让她负责全家人的一日三餐。

因为家庭原因，她只能辍学在家。面对不好的家庭环境，陶华碧并没有只是抱怨、发牢骚，相反，好学的陶华碧即便做饭也要做出个模样来。她尝百家味，讨众家技，做出了一手好菜，尤其是制作调味品，更是特别突出。

20岁时，陶华碧嫁人结婚，有了两个孩子，日子渐渐好起来，不料没过几年丈夫就病故了。孤儿寡母的日子最是难过，但陶华碧没有像祥林嫂那样抱怨自己的命运。为了养大两个孩子，她通过打工、摆地摊来赚钱。1989年，陶华碧用省吃俭用攒下的一点儿钱开了个小饭馆，专卖凉粉和冷面，自制辣椒酱作为佐餐的调味料，供食客随意取用。因为总是优惠前来就餐的学生，不是多给菜就是少收钱，于是学生们亲切地称呼陶华碧为“老干妈”。

后来，陶华碧发现自己做的凉粉、冷面其实很一般，大家都是冲着她自制的辣椒酱来的。很多人不吃面而是专门过来买酱。甚至，附近面馆买了她家的辣椒酱去用，生意很好，反过来导致她的饭馆收入减少。陶华碧最终决定，关掉不景气的面馆，专门生产辣椒酱。

1996年7月，她租借南明区云关村委会的两间房子，招聘了40名工人，办起了食品加工厂，专门生产辣椒酱，定名为“老干妈辣椒酱”。当时没有机械设备，都是手工操作，工作量十分繁重。原料加工中的捣麻椒、切辣椒环节，工人们反映辣眼睛，都不愿干。陶华碧见了就亲自动手，鼓励工人的干劲儿。她所用辣椒原料，主产地在遵义，遵义辣椒，曾为出口免检产品。当地为她供货的收购大户都说，只有我们欠过她的钱，她从不欠我们。给她的辣椒，却谁也不敢大意，因为只要出一次错，以后再想与她打交道就难了。并且辣椒全部要剪蒂，一只只剪，这样拣剪过的辣椒，再分装，就没有杂质了。

产品生产出来后，当地消化能力有限，陶华碧亲自带着辣椒酱登门推销。尝过辣椒酱的人无一不被这种神奇的味道所打动。从此“老干妈辣椒酱”迅速打开销路，一举成名。“老干妈辣椒酱”成名后，假冒伪劣产品充斥市场，陶华碧又亲自带队，风餐露宿地到处打假，保护品牌声誉。

在陶华碧的努力下，曾经一贫如洗的她，如今被《胡润百富榜》评估拥有70亿身家。而且陶华碧的贵阳南明老干妈风味食品有限责任公司不赊账、不欠账、不上市、不融资、不贷款，所以陶华碧的身家可说是扎扎实实没有水分。

一个没有接受过义务教育的农村家庭妇女，在面临人生绝境的时候一言不发，咬住牙关努力拼搏，几十年后成为亿万富翁，成为省人大代表，产品行销全球。在其他著名企业家到处讲课、演讲、卖晚餐的时候，陶华碧依然是不声不响，不言不语，她从不接受媒体的采访，并且要求公司管理人员都保持低调。然而，她的地位、财富却一样不差，充分诠释了“说得好不如做得好”这一至理名言。

生活中的一切困难都是“纸老虎”，但是它们不会被唾沫星子打败。命运不会因为谁抱怨诉苦，就去可怜谁、放过谁，只有那些迎难而上埋头苦干的人，才是厄运最恐惧的人，才是生活的强者，命运的宠儿。

阅读笔记

生活不是林黛玉，不会因为忧伤就风情万种

话说有个姑娘在家做饭，切菜的时候不小心切伤了手指，疼得大哭起来。哭着哭着，姑娘忽然想到一个问题：家里又没有别人，自己哭给谁看呢？于是立即停止了哭泣，找来药水、消炎粉、纱布，消毒、止血、包裹伤口，然后继续切菜。

我们都喜欢看《红楼梦》，都喜欢林妹妹的形象：两弯似蹙非蹙笼烟眉，一双似喜非喜含情目。态生两靥之愁，娇袭一身之病。泪光点点，娇喘微微。娴静似娇花照水，行动如弱柳扶风。心较比干多一窍，病如西子胜三分……但可惜的是，生活不是林黛玉，不会因为你的忧伤就显得风情万种。笑得很好看的人常有，但是哭得很好看的人，有谁见过呢？西子捧心固然美，但是西施如果天天因为心口疼而眉头紧皱，恐怕就没人觉得美了。我们都读过鲁迅先生写的小说《祝福》，里面祥林嫂的形象深入人心。祥林嫂的经历很凄惨。于是她天天喊苦、日日叫屈，唠叨的次数多了，大家都心生厌烦，开始给以白眼、嘲笑、讽刺，造成了祥林嫂最终的悲剧。

心理学上把这种现象叫“习得性无助”，意思是人或者动物接连不断地受到挫折，便会感到自己对于一切都无能为力，对改变现状丧失了信心，陷入一种无助的心理状态，甚至放弃所有的努力。现实生活中，那些长期在家庭和学校得不到认同的儿童，那些久病缠身的患者，都有可能出现习得性无助。习得指的是通过学习得到，也就是慢慢积累的。这是许多心理问题和行为问题产生的根源。林黛玉自小身体虚弱，每次吃饭的时候都要配药。健康状况不佳，给她的性格着上了灰暗的底色。而且她幼年便父母双亡孤苦伶仃，不得不背井离乡，寄人篱下。她对自己的命运感到十分悲观，因此看待一草一木都是悲苦的影子，也就有了“黛玉葬花”的故事。其实花开花落本是大自然的规律，何苦那么伤感呢？祥林嫂也是这样，到处诉苦，也就越诉越苦。相比之下，另有一位以笑对人生的态度赢得了人们的喜爱和欣赏。

沈殿霞，外号“肥肥”“肥姐”，目睹过八零、九零年代香港影视业辉煌的人应该都记得她。沈殿霞12岁成为童星，是香港TVB最早的签约艺人之一。在香港群星的评价中，沈殿霞是香港演艺圈一个时代的代表，以笑声著称，被誉为“开心果”，她一直保持着专业水平、敬业乐业的精神。

性格爽朗的沈殿霞虽然体形肥胖不苗条，但从来不自卑、不发愁，反而每天都开开心心的，还很乐于助人。香港著名词作家黄伟文、著名歌手张学友、著名演员张国荣乃至那会儿刚入行的郑少秋，都曾经得到过沈殿霞的关照和帮助。

沈殿霞33岁与绰号“秋官”的帅哥郑少秋相识相恋，40岁才修成正果与之结婚，有了女儿，结果却在结婚4年后惨被“小三”挖墙脚，最终离婚。这样的经历，即便是香港演艺圈里的“大家姐”，心里终究是不好受的。但是沈殿霞从来不对任何人抱怨郑少秋的不是，从未表现出弃妇的委屈，即便是私下里跟女儿在一起，也从不说郑少秋的坏话。

沈殿霞2008年病故，曾荫权、成龙、张学友、曾志伟、吴孟达等名人都前往吊唁，就连郑少秋也赶到现场哀悼。香港市民对于沈殿霞的离去也非常悲伤，表示“肥姐”的乐观和大笑是香港精神最典型的代表，是香港人对待所有困难的坚强和乐观态度。沈殿霞的女儿郑欣宜也因为母亲的积极乐观而得到了娱乐圈的大力扶持。你看，开朗、乐观的人大家都喜欢。如果沈殿霞每天都因自己的体形愁眉苦脸，或者因为后来的婚姻不美满成天以泪洗面、咒骂不休，谁还会喜爱她呢？

回顾那些开朗乐观的人的人生，不难发现他们的想法都有一个共同点，那就是生活中他们乐观，心态好。不会因为一点点的挫折而自怨自艾，而是用最好的状态去面对生活。不管生活是好是坏，只做最好的那个自己，尽力做好应该做的事情，对生活热情，从不抱怨什么。

生活永远不会因为你的忧伤而显得风情万种，因为大家都不是林黛玉，心态不好、怨天尤人的人，大家都不会喜欢，好运气也不会选择他。相信只有面带微笑，尽心尽力对待工作生活，人生才会越努力越幸运。

阅读笔记

即使没有人给你鼓掌，也要优雅地谢幕

世界上没有蹚不过去的河，没有翻不过去的山。在一切变好之前，我们总要经历一些不开心的日子，不要因为一点瑕疵和困难就放弃坚持。即使暂时不能得到大众的认可，我们也要坚守自己的内心，默默无闻地努力，把喜欢的事情做到极致。

陆步轩，20 世纪 80 年代北大毕业的才子，高考文科状元。那个时候大学生稀缺，名校毕业的更是天之骄子。看到这样的标签，人们眼中的他可能是饱读诗书的教授，严肃的官员或者是企业家，但是，本科毕业之后，陆步轩却做了一个“屠夫”，也就是卖猪肉的。经过媒体报道，这件事一度被推上风口浪尖。很多人赞扬他的勇气和选择，毕竟名校毕业干屠夫不是人人都能做到的事情；但是很多人也无法理解，到底是什么样的境遇能让一个北大的毕业生去做这种传统的手工行当？哪怕是高中或者普通大学生，恐怕也不会走这条路吧。

其实，陆步轩也从来没想过自己会干起屠夫这一行，其实他一直渴望做学术。

他操起杀猪刀的时候，已经 34 岁了。那几年，是陆步轩人生最黑暗的时期。其实人最怕的，就是看不到希望。但是陆步轩在低谷里，依然没有放松对自己的要求。他从来不卖注水肉，并且是不是注水肉，手一摸就能立刻分辨出来。而且他一个档口能卖十几头猪，但是一般的屠夫只能卖一两头。良好的品质和口碑，很快就让陆步轩在同行里脱颖而出，赢得了广大消费者的信赖，吸引越来越多的人来到陆步轩这里订购猪肉。2013 年，陆步轩因为眼镜猪肉店主出名了，他在母校演讲，第一句话就是“我给母校丢了脸、抹了黑，我是反面教材”。北大原校长许智宏却说：“北大毕业生卖猪肉并没有什么不好，从事细微工作，并不影响这个人有崇高的理想。”

和校长一样，很多人也安慰他，说职业不分贵贱。陆步轩内心十分自卑，那些漂亮的励志话谁都会说，但是又有什么意义？

除了屠夫的工作之外，陆步轩并没有把自己多年的知识弃之不顾，业余时间，他仍旧保持着在北大时候的习惯，读书、写作一样都没有落下，还出版了一本《屠夫看世界》，记录自己的从业经历和所思所想。

命运绝不会辜负真正努力的人。在陆步轩勤勤恳恳卖猪肉的同时，有一个和他极为相似的人，正在远方关注着他。陆步轩并不知道，自己的人生轨迹很快就要被这个人改变了。

他就是陈生。陈生是陆步轩的师兄，1984 年北大毕业，被分配到广州市委公安厅。但陈生是一个不安于现状的人，不喜欢仕途的他毅然辞职下海，摆过地摊，种过菜，也搞过房地产。当媒体曝光陆步轩的事情后，社会上批评的声音占了上风，但是许校长的那番话却让陈生灵光一闪：“北大可以出政治家、科学家，也可以出卖猪肉的，这都是一样的。”陆生就这样决定和陆步轩联手卖猪肉，做符合高端需求的品牌，而且一定要卖出北大水平。

就这样，两人自己养猪、卖猪，但是却在饲养和营销的过程中做了许多改变。饲养的时候，取消了现代养猪常用的定位栏，而是用半开放式的大空间，让土猪自由活动，并且猪场里还有音响设备，专门给猪播放精心挑选的音乐。他们说生物都一样，只有生活环境好了，心情愉悦，身体才能健健康康，才能长得又肥又壮。陆步轩凭着自己这几年的经验，和陈生合伙开办了屠夫职业学校，而且自己编写了《猪头营销学》，并亲自授课，填补了屠夫专业学校和课程的空白。这一举措在屠夫行业内获得了一致好评。学校越做越大，每年，他们的“壹号土猪”都会招聘应届大学生，经过40天培训，学习猪肉分割、销售技巧、服务礼仪、烹饪技能等，再前往档口工作。

屠夫行业的种种创新可谓多管齐下。2015年，两人联手打造的“壹号土猪”销量超过10亿元，成为国内响亮的土猪肉第一品牌。2016年，他们赶上了互联网的大潮，“壹号土猪”登陆天猫，成为第一个“出栏”面向大众消费者的“互联网+”猪肉品牌。陆步轩和陈生也被人们敬佩地称为“北大猪肉佬”。

这时候，陆步轩已经50岁了。他终于完成了自己的逆袭。如今的陆步轩自信从容，他想得更多的是如何抓住互联网时代的机遇。

人生在世，岂能尽如人意？不是每一份付出都能获得回报，不是每一次表演都能获得掌声。有的时候，失败不是因为我们不够好，而是因为没有遇到对的人、没有遇到对的机会或者没有遇到对的时间。所以永远要保持积极乐观的心态，做好自己眼前应该做的事情，相信我们梦想实现的那一天并不遥远。就像陆步轩，在他在屠夫行业有了几十年深厚的积累的时候，恰好赶上了“互联网+”和消费升级的风口。这是一种幸运吗？并不全是，因为机会总是留给有准备的人。有些时候，不是我们做错了，而是我们做的得不到大众的认可。被人怀疑时，不要恼羞成怒，不要歇斯底里，只要我们无愧于心，努力了，争取了，即便没人给我们鼓掌，我们也要坚持到最后，优雅地谢幕。

阅读笔记

Chapter 3

实力：不是运气太差，而是不够强大

你想要的好运气和自由，往往是强大之后才能拥有的。人并不是因为运气好，就变得越来越强大，而是你的心里早就埋下了要变强的种子。种子在努力生长的过程中遇到一丁点阳光和雨露，便会拼命吸收。如此一来，更繁密的根系和枝叶就能为你提供更多的养料。当你长成参天大树时，你才能看得更远，也可以为他人遮风挡雨。奋力拼搏，你终将崭露自己的光芒。

所谓理想，只是同时拥有实力的人才能说的“现实”。

——日本漫画家　尾田荣一郎

过得好不是靠运气，而是靠实力

一些人总是看不惯那些比自己过得好的人，这是一种不健康的心态。持这种心态的人，对于社会上那些成功人士有一种“吃不到葡萄说葡萄酸”的情绪，觉得他们都是运气好才过上了好的生活，认为自己也是才华横溢，只是运气不好而已。这实际上就是一种弱者心态。

这个世界上从来就没有人是凭运气就能获得成功的。如果有人交了好运，那是因为他有交好运的实力。我们的“大魔王”张怡宁与商人徐威的婚姻，就是典型的靠实力说话的例证。

张怡宁退役前是女子乒乓球世界排名第一的实力派，获得过19个世界冠军奖牌，是个人世锦赛冠军、奥运会冠军和世界杯冠军的大满贯选手之一。超强的实力和诸多的荣誉给张怡宁带来了更多的机会。各级奖励、联赛薪酬、广告代言费用等加在一起，到2011年正式对外宣布退役时，张怡宁已经有千万身家。

可观的收入已经足够一个人幸福地度过一生了。结果，2009年的一条新闻让人大跌眼镜：28 岁的张怡宁与 48 岁的徐威，认识 3 个月后，在北京举办了婚礼！

一位国民心目中的英雄嫁给了一个很少有人听说过并且年龄足以做她父辈的人。尽管张怡宁说是因为双方性格相似、三观一致，而且徐威非常爱她，但其实这都不是最主要的。起决定性作用的原因，是张怡宁的另一条标准：对方一定要比她更优秀。

张怡宁是国民心中家喻户晓的人物了，身家千万。那么，她的丈夫必须有比她更多的财富或者更高的地位才行。而徐威恰恰完全满足这个条件。徐威曾经留学日本，取得了数学博士学位。学成后，他到美国发展，并在华尔街淘到了第一桶金。后来，徐威回国创业，主要从事金融方面的工作，在北京和香港都有自己的事业，旗下拥有多家上市公司，并且主要是做对冲基金。要做对冲基金，不只要头脑好，还必须足够有钱，运作资金都是以亿为单位的。所以说，徐威是亿万富翁，而且此前从未结过婚，仅与著名女演员袁立有过十余年的恋爱史，且已经在结识张怡宁之前分手。所以，张怡宁嫁的是集才华和财富于一身的无数人想都不敢想的人。

当然，对于徐威而言，张怡宁身家不低，名气颇高，甚至连绯闻都没有过，自然也是他所心仪的实力派。所以说，张怡宁与徐威两人，不仅仅是情投意合，更是势均力敌，双方任何一方实力差上几分，就不会进入另一方的视线。

现实就是这样，七仙女嫁给董勇，织女嫁给牛郎，都是老百姓编织的童话故事。现代社会都是凭实力说话。全靠运气过活的只会“死”得很惨。不只爱情、婚姻讲究实力，一个人的能力和他的公司所在的平台等很多事都是如此。

现实生活中很多人对成功者存在偏见，比如王思聪，很多人认为他的成功源于他有个好父亲，如果跟自己出身一样，不见得比自己强。确实，王思聪运气很好，有王健林这么有钱的父亲，从小被送到国外，在新加坡名校读小学，在英国名校读中学，后来进了英国伦敦大学读书。留学归来，王思聪直接成了万达集团的董事，并用父亲给的5亿元成立了一家PE基金——普思投资，练手用。很多人不禁羡慕地说："全国有几个人花得起这个钱呢！"

就像远在美国打拼的凤姐所说的：我奋斗10年得到的东西，有些人一出生就有了。

然而，如果把王思聪的成功全都归结于他运气好有个好父亲的话，这对王思聪是不公平的。这个看似浪荡不羁的公子哥也是凭实力才走到了今天。

父亲是英雄，儿子不一定是好汉。秦始皇给儿子打下了万里江山，结果还不是被二世胡亥几年就给败光？先主刘备历经艰辛攒下来的三分基业，最终还不是只换来后主刘禅的"此间乐，不思蜀"？由此可见，如果二代没有苦心经营，父辈攒下金山银山也会被掏空，给再多的机会也没有用。

反观王思聪，成为董事后，6年之后就以40亿的身家登上了《胡润百富榜》。换成没能力的人，能做到吗？恐怕金钱早已挥霍一空了。此外，王思聪进军电竞业，组建IG电子竞技俱乐部，据不完全统计，至今已经拿到了20个国内外竞赛冠军；他进军直播业，创立熊猫TV，成为国内最火爆直播平台之一；他"大嘴"评论娱乐圈，为自己攒人气"圈粉"，看似鲁莽不羁实则是为自己赢得关注度，为自己的电竞业、直播平台拉客源。这也证明王思聪在国外读书十几年，并不是玩乐，而是真正学到了东西，也得到了王健林的认可。

有实力的人经常会自豪地说：就算是要饭，我也能比别人多要几口！

没实力的人经常会嫉妒地说：那有什么呀，他不就是凭运气吗！

所以，有实力的人总喜欢把命运掌握在手中，而没实力的人总喜欢抱怨命运的不公；有实力的人聚拢运气，而没实力的人总是放纵机会离开。这就是有人越过越好，有人却越过越差的奥秘所在。

内心强大，你的世界就光芒万丈

世界上没有人喜欢做弱者，但是世界上绝大多数的人都有弱者心态。他们只能被动地接受，不能掌控自己，总是失多于得，错多于对，悔多于无悔。

强者之所以强，不在于他们有多少财富或者多大的权势，他们是因为强而获得这些并不是因为获得这些而强。他们都拥有强大的内心和实力。

林徽因是民国时期有名的才女、美女、建筑师。她的丈夫梁思成在她去世后很多年，这样评价她："徽因是一个很特别的人，她的才华是多方面的。不管是文学、艺术、建筑乃至哲学，她都有很深的修养。她能作为一个严谨的科学工作者，和我一起去村野僻壤调查古建筑，也能用英语讨论英国文学或我国新诗创作。"这样多才多艺的林徽因，自然吸引了那个时候很多人的关注。

唐小兵在《林徽因的"太太的客厅"》里说，在20世纪30年代的北平，林徽因家所在的东城区北总布胡同是一个富有吸引力的"公共空间"。以林徽因的"太太的客厅"为中枢，凝聚着当时最优秀的知识分子，形成了一个独特的交往网络。

在这个“客厅”中出现的既有如金岳霖、钱端升、张熙若、陈岱孙等哲学家、政治学家和经济学家，也有如沈从文这样的主持全国性大报《大公报》文艺副刊的编辑，当然更多的是像萧乾、卞之琳这样慕名而来的在校大学生。

在“太太的客厅”这个中国式的沙龙中，林徽因是当仁不让的绝对主角，她是沙龙的主持者，也是沙龙的灵魂和倾听者，是现在所说的人际交往的核心。费正清的夫人费慰梅女士这样回忆她的“亲历感受”：“每个老朋友都记得，徽因是怎样滔滔不绝地垄断了整个谈话。她的健谈是人所共知的，然而使人叹服的是她也同样擅长写作。她的谈话和她的著作一样充满了创造性，话题从诙谐的轶事到敏锐的分析，从明智的忠告到突发的愤怒，从发狂的热情到深刻的蔑视，几乎无所不包。她总是聚会的中心人物，当她侃侃而谈的时候，爱慕者总是为她那天马行空般的灵感中所迸发出的精辟警语而倾倒。”与当时充斥北平的社交明星迥异的是，林徽因不是依靠她的美貌吸引众多的来访者，而是依赖于她的学识、智慧与洞察力建筑了一种明丽而坚实的“精神魅力”。在这里自然有对国家与普通百姓的人文关怀，更多的却是对纯粹的文学、艺术、学术的探求与对话。

林徽因像一个充满了现代正能量的女子，浑身散发着光芒但不刺眼。她大气、自信，不仅温暖了自己，也照亮了那个时代许许多多知识分子的内心。她的声音、笑靥，特别是她的观点、见解，让朋友们感慨不已。下一次朋友们又会被她的魅力、见解吸引而来，这些聚会几乎成了朋友们的精神食粮，成为这个小圈子的生活方式。这样具有激情、才华、创造力的女子，在中国“三从四德”的传统社会中，就像夜空中闪亮的星星，让人景仰。

由此可见，一个人能否成功，能不能成为自己的小太阳、有没有自己的小宇宙是一个很关键的因素。如果内心不够强大，没有实力，就不能支撑自己去追求想要的东西，更不能有吸引别人的魅力。

生活中，我们常常会被环境所支配，也会被他人的评价所影响。人这一辈子，要受到多少次来自外界的质疑，又有多少次不为其所动？这取决于他的内心是否强大，他内心的能量有多少。如果能量充沛，就能抵抗其他人对自己的不理解，甚至打击、诋毁。

一个内心强大的人不需要外界的评价来证明自己。内心强大的人意志坚定，能够排除私心杂念，能够自我修正。他们的内心一直都充满着积极向上的正能量，让自己宠辱不惊，心无旁骛。内心强大的人是平和的、自信的，且是充满快乐的。他有完美的内心世界，在那个世界里，他就是太阳，他的世界里光芒万丈。

如果你不能成为大道，那就当一条小路；如果你不能成为太阳，那就当一颗星星。决定成败是要让自己的今天比昨天做得好，明天要比今天做得好，渐渐地做最好的自己。

一位本领高超的木匠，因为年事已高，于是向老板提出辞职，打算退休养老。老板告诉木匠，希望他走之前最后帮自己建一座高品质木屋。木匠不好意思推辞，只好答应了。但对于职业生涯中最后一个工作，木匠因为急于做完赶紧退休，并没有用心干，草草地用劣质的材料很快就把这间屋盖好了。没想到房子建成后，老板对木匠说："这些年你为我出了不少力，现在你要退休了，这座房子是我送给你的礼物！"木匠听后目瞪口呆。如果他知道这座房子是给他的，他一定会用最好的木料、用最好的工艺来盖。

其实我们每一天都是为自己活的，归根结底都是在准备为自己的事业和生活建造一座房子。如果不能做到最好，我们就只能住进最粗糙的"房子"里。

霍启刚是香港霍家长子长孙，霍英东集团的副总裁，据传有二三十亿身家。

他头脑过人，曾以全 A 的优异成绩考入牛津大学，获得经济学和管理学学士学位，曾在高盛和所罗门任分析师。跳水美女郭晶晶，有 31 冠在手，是无可争议的世界级“跳水皇后”，与霍启刚虽然在不同行业，但是俩人都足够优秀。

郭晶晶是个非常自信的人，网络上有些人嘲讽她攀附豪门，她曾经这样回应：“他是豪门，我还是冠军呢，豪门很多，冠军可没几个。”2008 年奥运会之前，霍启刚拿着求婚戒指向郭晶晶求婚。因为羞涩，霍启刚没有采用求婚者流行的单膝下跪方式。郭晶晶当即就说：“你不跪下求婚啊？”丝毫没有怕霍启刚下不来台好事告吹。霍启刚立即单膝跪地求婚，完成了求婚必备的仪式。

不仅自信，郭晶晶也懂得自强。奥运会之后，郭晶晶立马跑到英国学习英语，霍启刚要见她都必须打“飞的”过去。学完英语还不算完，郭晶晶又进入中国人民大学学习工商管理。因为学业繁忙，哪怕是在国内，霍启刚要见郭晶晶依然困难，得事先和郭晶晶商量好时间。因为郭晶晶知道，虽然自己是跳水界的传奇人物，但退役之后，这个光环就将不复存在。拿得出手的学历和熟练的英语，才是能证明自己能力的踏实保障。

就这样，郭晶晶一面保持自信，一面学习有用知识充实自己，做最好的自己，也赢得了霍启刚的尊重和疼爱。

我们总是希望成为别人眼中的谁，却时常忘记我们应该在有限的生命中去做最好的自己，而不应该将自己的时光都浪费在成为别人眼中的自己。做好眼前的事情，不断超越自己。一个人只有自己足够优秀，到了那个层次，才会有相应的社交圈子。自己是梧桐，凤凰才会来栖。

自己没有崭露光芒，就不要怪别人没有眼光

人们常说：是金子总会发光的。很多人将这句话理解为“一个人只要有才能，就一定会被发现”。但另一层深意却往往被忽视了——即便是金子，也得自己寻找到可以反光的地方，才能被人发现。很多人就有这样一种心态，觉得自己就是一匹千里马，怎么就没有伯乐来发现自己呢？觉得自己空有满身才能，却无处施展。其实，大家虽然崇尚低调，但是说的也是高调做事，低调做人。如果自己有才能就要自己找机会施展出来，才能被别人发现，否则有再好的才能，自己却低调隐藏，也就别怪没人赏识了。

有一位出国留学归来的朋友，很有能力，也见多识广。刚开始工作时，总是被安排做一些行政工作中的小事情，这个朋友各个方面都很优秀，就是有点眼高手低。领导安排的小事情他看不上，于是工作起来也没有完全尽心尽力，结果不但没有展示自己的机会，小事情做得也不好。他自己心里也充满委屈：明明能力不比其他人差，为什么总是做这种工作呢？为什么老板看不到我的优势呢？

其实这位朋友不明白，这些企业都不是不重视他——哪家公司招聘个留学生进来都不会只为让他专门做点儿行政工作中的小事的。之所以一开始交给他些小事做，就是为了看看这个人能不能用，会不会做事。如果一个人一点小事都干不好，谁敢把大事交给他做呢？另外一方面来说，他自己在做这些小事情的同时，也可以给自己创造展示的机会，踏踏实实地把这些事情都做好，再慢慢找机会发挥自己的才能，自然而然会被领导看重。

这里我们就要提一提星爷了。

周星驰幼年时，父母离异。他和姐姐跟着母亲凌宝儿过。后来母亲改嫁，周星驰又多了两个妹妹。一家六口人生活在香港九龙的穷人区，挤在狭窄的木板房里，睡的是上下铺的架子床，日子过得比我们现在的很多人都苦。因为家里穷，学习成绩又不好，在校长的眼里，周星驰以后也是个没什么前途的孩子。

父母离异、家庭贫困并没有让他变得畏缩，反而使他极力想要展露自己的光芒。所以，他自己模仿电影里的李小龙练武术，觉得自己练得差不多了，就跑去找校长，请求校长允许他开设武术班授徒。当然，这一次的结果是周星驰被校长撵出了办公室。

中学毕业之后，周星驰拉上好友梁朝伟一起考 TVB 艺员训练班。结果，梁朝伟迅速蹿红，与黄日华、刘德华、苗侨伟、汤镇业合称“无线五虎”。而周星驰却跑了六年的龙套。尽管如此，他也没有白白荒废这段龙套生涯。没有导演赏识的周星驰没有怨天尤人，而是加强自我修炼，还学习了电影创作，提高编剧、导演能力。同时，在跑龙套的时候，周星驰想方设法给自己加戏，以求能更多地展现自己的才华，为此他没少被导演骂得狗血淋头。比如在 83 版《射雕英雄传》里，周星驰出演了个“宋兵乙”的角色，在第 11 集里被杨康带去给师父梅超风练功用，刚一露头就被梅超风一爪打死了，没有任何台词和动作。导演安排周星驰在这里按照剧本乖乖死掉就好，但周星驰却偏偏要做一个用手挡一下的动作，说这样才不显得太假。结果，周星驰被导演一顿臭骂。就如同他在后来主演的电影《喜剧之王》中用无厘头方式再现的一样，周星驰扮演的尹天仇对导演请求说："导演，我觉得我刚才倒下的姿势不够纠结，缺乏了一点点内涵，无法表现出人物内心的复杂情感，请允许我再来一次，我会拿出百分百的状态，争取做到深刻而不深沉，平淡而不平庸，演好这具死尸。"

周星驰这种力求尽善尽美的性格在接受柴静《看见》专访时更直接体现了出来。第一次采访结束20天之后，周星驰又联系《看见》栏目组，希望能够再补一次访问。原来，周星驰对第一次访谈中自己蹩脚的普通话表现不满意，20天来每天都抽出时间努力练习普通话，这才申请补一次采访，希望柴静原封不动地再问一遍当时的问题，让他再回答一次。他觉得这一次自己会说得更好一些。试想，这样不放过每一次镜头前表现的人怎么会不发光？怎么会不被人看见？

就这样，凭着无数次的坚持，周星驰引起了导演的注意。他终于在1988年的电影《霹雳先锋》中扮演了一个重量级配角，凭此获得了金鸡奖最佳配角奖，开始崭露头角。

有能力的人很多，有些人却能努力争取自己想要的生活，而有的人却只能埋怨别人没有眼光，看不到自己的才华。其实那些成功者除了有才华外，还有让别人发现他的能力，古代有毛遂自荐的故事，现在的社会也是这样，想要绽放光芒，就要学会给自己创造机会，让实力得以发挥，就像周星驰一样。

我们在夜空中看到的星光，其实不是他们当下散发出的。例如牛郎星，它的光芒需要将近十六七年才能到达地球，被人类的肉眼看见，而织女星的星光则需要大约25年。所以就有了“光年”这个长度单位，用来衡量天体间的时空距离，字面意思就是“光在宇宙真空中沿直线传播了一年所经过的距离”。恒星的光芒经过了很多年才最终被人类欣赏到。同样地，那些看起来光芒四射的人，他们一定是在黑暗的角落里暗自使劲，付出了许多无人问津的努力，然后不放过任何一个可以绽放自己的机会。当然这一切的基础就是实力，然后才谈得上去崭露，让别人去发现。

是金子总会发光，但如果甘于做一片铁锈，那就永远不要奢望被捧在手心。我们必须拼命想办法让自己绽放光芒——这比坐在角落里抱怨没人发现自己要有意义得多。如果我们不发光，就不可能有人在茫茫夜空中看见我们，就不能怪别人没眼光。每个人都如同天上的一颗星，有人是时刻绽放光芒的恒星，有人是只能闪耀一瞬间的流星，有人则是从不发光只能反射光芒的行星。我们应该做的，就是努力让自己成为一颗恒星，在自己有限的生命中绽放出自己最美的光彩。

阅读笔记

越强大，越自由

我们总能在书籍中、网络上看到许多人关于自由的言论。自由是个好东西，谁都想要。但是任何人的自由都是相对的，区别只在于强者享有的自由多，弱者享有的自由少。当你足够强大的时候，自由也会相对多一些，因为这时你才会有更多的能力和资本去做你想做的事情。日本的知名服装设计师川久保玲说：一个人如果够强大，就不需要去取悦任何人，也就够自由。

谁的实力更强，谁就有更多的备选项，那么你也就更加自由。弱者只能在不得已的情况下，按照别人的安排，走不情愿的那条路。

我们看牧人放羊放牛放马，让这些牲畜随意地吃草，给予牲畜们很大自由。可是如果有牲畜想逃离牧人的管控，就会被牧人追赶会来。而所有的牲畜，都将成为牧人的食物、劳力，或者换来钱财的资本。

名气与争议都很大的青年作家、导演兼赛车手韩寒在 2003 年正式参加汽车拉力赛，结果接连遭遇失利。先是在上海佘山站比赛中没刹住车冲出了赛道，继而在浙江龙游站的比赛中栽进了赛道旁的沟里。韩寒曾经在脑海里设想的自己驾驶赛车漂移入弯的场景全部成了幻想。

2004年，韩寒坚持参赛，但他所在的私家车队已经退出，他只能自己参赛自己修车。这时，韩寒的财力开始难以为继。赛车毕竟是个花销极大的比赛项目，选手没有赞助是很难做下去的。那时的韩寒只能节衣缩食，用仅剩的几万块钱勉强支撑。幸好一个经营米其林轮胎的商人看不下去，赞助给韩寒六个轮胎，让韩寒稍解燃眉之急。满心感激的韩寒特意做了米其林商标的贴纸贴到赛车上。结果，那位商人非常为难地托人来劝韩寒撕掉贴纸。因为米其林轮胎有非常严格的赞助规定，一般只赞助有获胜希望的车手。而韩寒，显然没人看好他。还没从尴尬中缓过神的韩寒，在第一天的比赛中就再度出现状况——年久失修的避震器断裂了。不得已，韩寒只好退赛。

因为对高考、对大学曾经有过一番言论，韩寒当时是一个实打实的争议人物。现在在连续两年的汽车拉力赛中数次退赛，压力之大可想而知。此后，修好车再上路的韩寒又遭遇赛车爆缸烧毁了发动机，彻底告别了2004赛季，黯然回家。

年少成名，却屡屡遭遇滑铁卢。对于任何一个骄傲的年轻人而言，韩寒所遭遇的打击都足以让其一蹶不振。但让很多人想不到的是，韩寒并没有就此放弃赛车返回文坛，而是继续筹钱坚持参赛。到2016年，韩寒已经获得了5个汽车拉力赛冠军。包括这5个冠军在内，韩寒迄今为止已经获得了13个汽车赛事的冠军。

而现在，韩寒开着国内最好的赛车，赛车上已经被各种赞助商的商标贴满，倍耐力、横滨为其无限量提供最好的轮胎，每场比赛都更换最好的部件，再也没有哪家厂商觉得自己的商标贴在他的车上丢人了。

感慨于曾经的心酸，韩寒在2012年的博文里写道：“总有这样的人，说起赛车只知道F1，说起足球只认识贝利。在他们嘴里，世界上只有一个叫比尔·盖茨的人在做生意……对于这样的人，无须证明自己，无须多说一句，你只需要无视和继续。做事是你的原则，碎嘴是他人的权利，历史只记得你的作品和荣誉，历史不会留下一事无成者的闲言碎语。”

足够强大才能证明自己，才能自由自在地做更多的事，而别人却没法再对你指指点点。

经济自由、时间自由、恋爱自由、婚姻自由……人生在世，没有人会嫌弃自己的自由太多。但是，在尘世中打拼，想拥有更多的自由，除非你更加强大——有时候主要指的是你心灵的强大。就像韩寒那样，多少人说他代笔，多少人嘲笑他退赛，但他就是没有认怂，仍旧写书、赛车、拍电影，比绝大多数一直在骂他的人过得都逍遥自在；就像前边提到的肯德基上校、尼克·武伊契奇。有时我们需要的是肉体上的强大，比如《荒野求生》里爬冰卧雪，什么都敢吃的贝尔·格里尔斯。还有的时候需要的是我们财富上的强大，比如比尔·盖茨作为世界首富捐出全部身家，没几年居然又重登世界首富榜首……

想要自由，我们就要让自己从内到外强大起来。不要向命运低头，不要向困难低头，我们才能找到向往的世外桃源。

追求卓越，做理想中的自己

还记得当年自己的理想吗？随着岁月的流逝，还有多少人在坚持着当初的梦想，一步步地去实现，并成为理想中的自己？

经常有人会说：唉，如果当初我也如何如何，现在也会如何如何了。并不是梦想难以实现，而是我们总是有无数个理由不去做或者拖延迟迟不能完成。没有人想做一个“懒鬼”，没有人想做一个马大哈，没有人想做一个一事无成的人。但是大多数人总是不自觉地变成了自己最不想成为的人。

我们所做的一切，如果不是为了使自我变得更接近理想中的自我的话，还有什么意义呢？在世界上，我们应该通过各种方式与手段，来使自己变得更加理想一点。

1958 年，一个叫钟彬娴的华裔女孩出生在加拿大东部城市多伦多。她在上小学四年级时看上了一款有 120 种颜色的画笔，希望父母买给她。父母没有立即满足女儿的愿望，而是和她达成一个协议：如果女儿的各科考试成绩都能够拿到 A，那就给她买一盒；否则就不买。为了得到那盒画笔，钟彬娴把几乎所有的闲暇时间都用来学习，错过了不少生日派对和网球比赛。期末的时候，她拿到了一份全是 A 的成绩单，得到了自己梦寐以求的 120 色画笔。也就是这时候，钟彬娴明白了自己有能力成为自己想成为的人，有能力做更完美的自己。

后来，钟彬娴随父母移民美国，从普林斯顿大学毕业后进入布鲁明戴尔百货公司。凭着自己的努力，她用 12 年时间做到了公司女装业务经理的位置。34 岁时，因与公司 CEO 麦克·古尔德结婚，她为了避嫌而从公司辞职，进入了生产经营化妆品的雅芳公司。

在与雅芳公司 CEO 吉姆会面时，吉姆无意中对钟彬娴说：他完全相信，在未来的 10 年内一定会有一位女性来领导雅芳。这在吉姆来说，也许只是表达一下自己对女性工作能力的尊重和认可。因为当时美国 500 强企业中还没有一家由女性来领导，女性在职场上会遇到晋升的“天花板”。但钟彬娴追求更完美自己的野心却被吉姆的话激发了。她忽然想到自己完全可以成为吉姆所预言的那个女人。为了证明自己，为了向自己心目中那个位置——雅芳 CEO——靠拢，钟彬娴工作更加积极，仅用一年的时间就成为雅芳公司的领导核心之一。

1997 年，吉姆准备退休，作为公司首席运营官，表现杰出的钟彬娴成了雅芳 CEO 的候选人之一，也是候选人中唯一的女性。可惜的是，最终，钟彬娴还是因为女性的身份而输掉了这场角逐。因为董事会觉得雅芳的百年历史上从没有过一名女性 CEO，他们不想打破陈规。

这次失利让钟彬娴很受伤。这时，很多企业纷纷上门来挖墙脚，想聘请她过去。面对这些盛情邀请，钟彬娴全部回绝了。她还是坚定了要成为雅芳历史上第一个女性 CEO 的理想，决心在哪里跌倒就在哪里站起来。

1999 年，雅芳遭遇一场危机，股票大跌，公司销售和盈利急剧下滑，CEO 只好引咎辞职。这时候，董事会不得不重新将视线聚焦到之前被他们直接因为性别 PASS 掉的钟彬娴。临危受命的钟彬娴勇敢地挑起了带领雅芳走出困局的重担，推出多项改革措施，帮助雅芳迅速化解危机。在谈到这次成功的拯救行动时，钟彬娴说："我始终忘不了小学 4 年级的那件事情，父母亲早早地就在我的脑海里灌输了要追求卓越的信念！"就是通过这种执着的坚持，钟彬娴终于实现了深埋多年的梦想!

要做就要做到最好，是钟彬娴坚持的信念，也是今天我们每一个人应该坚持的信念。

"球王"贝利当年驰骋绿茵场时踢进过很多好球。一次，有记者问贝利："你踢进过这么多球，你觉得最精彩的进球是哪一个？"贝利回答："下一个！"

值得尊敬的人就是这样，总是希望拿出最好的表现，做最好的自己。他们永远不会自满，永远不会为了一点点成绩就沾沾自喜，也不会为了一点点挫折就垂头丧气。他们知道自己应该怎么做，并且坚信自己在不断进步。

我一直相信，如果我们任何一个人都能做更理想的自己，今天我们与那些被我们仰望的人之间的差距，绝不会是现在这么大。

Chapter 4

准备：所谓幸运，就是你一切就绪时，机会来了

我国古代常说的“天时、地利、人和”，就可以理解成，在恰当的时机、恰当的地点，遇到合适的人和事情。这时候，你会觉得一切都十分圆满和幸运。这种幸运，背后都是由无数的准备支撑起来的。看起来好像很幸运的人，其实你看到的，只是她积累后的收获。所谓幸运，就是万事俱备，东风也已来到。

机遇只偏爱那些有准备的头脑。

——法国科学家　巴斯德

未雨绸缪，你已成功一半

孙子曰：“未料胜，先料败，守于微，故百折而不挠，终克功成。”把这句话浓缩成四个字，那就是“未雨绸缪”。孙武的这句话，意思就是说：打仗的时候，盘算怎样获得胜利之前，先想一想要是战败了该怎么办，把细节做好，这样就可以百折不挠，获得成功。这话不只可以用在战争上，我们做任何事都是这个道理。

有句歇后语叫“出门带伞——有备无患”。细心的人出门在外，总要看一下天气预报，尤其是雨季，包里更是随时放着伞，以备不时之需。这类人基本不用担心被雨淋。有的人就不同，出门顶多看看天，如果当时是晴空万里，就觉得今天肯定不下雨，就不用那么麻烦带把伞了。恰恰是这类人，经常被淋成落汤鸡，严重者还会患上感冒，影响工作或者学习。

我们做任何事，不要急于先往好处想，反而应该多想想坏处，多想想有没有可能失败，如果失败怎么办。做事不怕成功，就怕失败，如果提前预料好了各种失败的可能，做好预防，那成功的可能性就大大增加了。

中国有家利时集团，总部位于宁波，在业内名气极大，董事长叫作李立新。

1993 年，李立新在宁波成立了利时塑胶公司，当时的公司规模很小，专门生产塑料相框，简直就是个小作坊。公司成立的第二年，李立新去参加广交会，结识了美国商人科尔，争取到了 6 个价值百万的订单。利时公司得到这笔订单，立即顺势而起，进入了国际市场，实现了从单一生产品种向生产多种日用塑料制品的转变。1996 年，生意越做越红火的利时公司开始进入美国市场，为美国最大的日用塑料制品公司 ALCO 供货。ALCO 公司每年的巨额订单让利时公司的年销售额迅速达到数千万美元，公司上下无不振奋。

然而，就在公司所有人都认为未来的发展形势一片大好的时候，李立新却没有被巨大的利益冲昏头脑，而是敏锐地嗅到了危险的气息。因为，此时 ALCO 成了利时公司的大客户，订单最多时要占利时公司一半以上的产量。也就是说，ALCO 公司成了利时公司的"财神爷"，一旦"打个喷嚏"，利时公司都要陷入经营危机。以后万一出现什么意外，ALCO 公司不再向利时公司下订单，那利时公司就等于是遭受灭顶之灾。利时公司不能在 ALCO 一棵树上吊死，必须开发更多的销售渠道，找到更多的市场，避免把鸡蛋都放在一个篮子。于是，李立新开始寻找优秀而且专业的营销团队来帮助自己化解危机。正巧，受当时亚洲金融危机影响，亚洲最大的香港塑料制品公司出现不稳定局面，该公司的美籍总裁马文对公司产生了不满。马文所带领的销售团队业务能力极强，手里握有很多销售渠道，年销售额达 1.5 亿美元，是李立新中意的人才。2000 年 4 月，李立新拿出相当于当时利时公司年利润 1/3 的薪酬把马文"挖"了过来。

马文很看好利时公司，一上任就迅速进入了工作状态。他立即组建利时海外销售网络，仅用两年时间就帮助利时集团实现超过8亿元的销售收入，也完成了利时公司到利时集团的转变。2004年，利时集团的销售收入突破15亿元，成为国内同行业中的佼佼者。不仅如此，他还带领利时集团构筑了塑胶产品的全球营销网，完成了从销售国际化到管理国际化的华丽转身。而这一切，都源于李立新的危机意识和抢先布局。

如果李立新没有意识到可能出现的危机，把公司主营收入全部押在一个“财神爷”上，继续围绕ALCO公司的订单组织生产，那么利时集团现在是否仍然存在都是个未知数了。

其实，绝大多数的成功人士，都是危机意识比较重的人。正所谓“生于忧患，死于安乐”，无论是自然界还是人类社会，保持警醒的人才能更好地生存下去。不能做到未雨绸缪的人在突发状况面前容易功亏一篑。所以，我们看任何一个取得无可争议之成功的人，研究他的经历，就会发现他一定是那种懂得未雨绸缪，绝不盲目乐观、疏忽大意的人。

华为集团的缔造者任正非就是这样一种人。

1987年，因为工作不如意，任正非筹措了21000元下海创业，创立华为公司，业务就是代理香港一家公司的程控交换机。就像李立新一样，任正非也觉得给人打工不是长久之计。于是，在积累了一定资本后，任正非把钱全部投进去，用一年时间成功自主研发出了C&C08型交换机，价格比国外同类产品低了2/3！这成功帮助华为占领了市场，对华为公司来说具有重大的意义。

从此以后，华为在发展、转型过程中取得了更多更大的成绩。但任正非始终保持警惕，始终注意企业不同阶段、不同时期可能发生的危机。

2001年，受金融风暴影响，国内外许多高科技产业公司业绩普遍不好，但华为的业绩依然昂首。然而就在这时，任正非发表了《华为的冬天》这篇文章。他在文中对为公司业绩感到乐观的员工们泼了瓢冷水，提出作为历史规律，华为肯定会有失败的一天，直言自己“天天思考的都是失败，对成功视而不见，也没有什么荣誉感、自豪感，而是危机感”，号召大家一起来想怎样才能活下去，好让华为存活得久一些，并为公司应对可能到来的危机向华为人提出了10点要求。在文章的末尾，任正非警告华为全体员工：“没有预见，没有预防，就会冻死。那时，谁有棉衣，谁就活下来了。”

为了避免华为的失败，任正非未雨绸缪，时刻关注公司出现的不良苗头，时刻向公司全体人员灌输危机意识，创造出了“远大的追求，求实的作风”的企业文化，保证了华为在至今仍保持着上升势头。

以前，很多企业都讳言失败，生怕一语成谶。像任正非这样敢于对自己的公司发表《华为的冬天》《华为的红旗还能打多久》这样文章的企业家很少。在很多人看来，这本来应该是被企业公关失败的媒体才会写出来的文章。但任正非就是敢为天下先，狠狠地打击了员工因企业眼前的好形势而产生的享受心理、侥幸心理，提前掐灭了阻碍企业前进的不良萌芽。

阳光灿烂的日子应该享受阳光，但更应该利用这个机会先修补好屋顶。人无远虑必有近忧。下雨前先把房子修补好，才能避免在下雨时蹲在“水帘洞”里苦熬。

机会垂青有准备的人

西方有句谚语："God helps those who help themselves." 翻译过来，就是"自助者天助之"。这句谚语的隐性意思就是我们今天所熟知的一句话："机会总是留给有准备的人。"这告诉我们，要想抓住机遇，必须有充足的准备，否则的话就只能是痴人说梦。

姜子牙磐溪垂钓数十载才让文王"愿者上钩"，辅佐其建立周氏王朝，成就霸业；诸葛亮高卧隆中多年才有刘备"三顾茅庐"的千古典故，并助其三分天下，成为我国古代的传奇；华人小子林书豪最初在长人如林的 NBA 赛场连"饮水机管理员"都不是，最艰难的时候只能睡在队友的沙发上，然而他时刻保持斗志，最终抓住机会一飞冲天，成为所有华裔的骄傲；英国著名细菌学家、诺贝尔奖获得者弗莱明发现青霉素并不是偶然，殊不知他已经经历过成百上千次实验、经过数年的研究才最终成功。难怪法国著名微生物学家巴斯德说"机遇只偏爱那些有准备的头脑"。

也许你没听过苏珊·波伊尔这个名字，但你应该听过“苏珊大妈”这个称号。这位身材臃肿、满脸皱纹的英国无业大妈在2009年登上了英国著名电视选秀节目《英国达人》的舞台。

很显然，她的形象出乎所有人的意料，见惯了帅哥美女的现场观众立马哄堂大笑起来。特别当她说想成为英国音乐剧歌唱家伊莲·佩姬的时候，连现场评委也不禁对她进行嘲讽。她是来给观众找乐子的吗？所有人都这样想。

也许是见惯了这样的场合，她不以为然，还“不自量力”地选择了音乐剧《悲惨世界》中的经典歌曲《我曾有梦》。歌声响起，所有人都震惊了。这位其貌不扬、没有经过专业训练的家庭妇女，居然能有如此纯净的声音，她的表情是如此专注，她的眼神是如此有神，仿佛她就是《悲惨世界》里的人物，让人不禁动容。

她的歌声打动了所有人，在此之前对她冷嘲热讽的三位评委，激动地站起来为她鼓掌，现场观众席也响起了经久不息的掌声。她瞬间在全球赢得了几百万人的喜爱，就连著名影星黛咪·摩尔也成了她的粉丝。

2010年，她打破了三项吉尼斯世界纪录，包括“全英女歌手最畅销专辑”及“全英首周最高销量专辑”，并以49岁的年纪当上“处女专辑荣登榜首的最老歌手”。

然而，在这背后，是苏珊数十年的不放弃以及时刻百分之百的准备。她是个难产儿，出生时由于缺氧，脑子总是不太灵光，因此从小就被称为“没脑子的苏珊”。但是她并没有因为别人的讽刺而放弃自己的梦想。她从12岁开始唱歌，在成名前的35年里，照顾母亲、到教堂做义工和唱歌组成她的全部生活。正是因为她这样的准备，才最终得到机会的青睐，成为当之无愧的“英雄”。就像她自己说的那样：“在我们大多数人的一生之中，有谁不曾暗藏着一些追求？有多少平庸的外表下跃动着一颗超凡的心？只要有合适的机会，我们也能实现自我。”

现实生活中，总有人希望能够“守株待兔”，他们总觉得自己只要等待，就能等到机会降临的时候。殊不知在这种情况下，机会之于你，永远是可望而不可即的存在。即使机会真的来了，你也未必能抓得住，或者你根本就发现不了。只有你提前做好准备，才能抓住那稍纵即逝的机会。

郎朗是世界知名的钢琴演奏家。他 3 岁时正式学习钢琴演奏，9 岁以第一名的成绩考取中央音乐学院附小钢琴科，师从赵屏国教授，15 岁又以第一名的成绩考取世界著名的美国柯蒂斯音乐学院，师从世界著名钢琴家加里·格拉夫曼。郎朗热爱钢琴演奏，也拥有出色的天赋，学业非常顺利，并且在年少时就曾经多次在国内获奖。

但是，即便是如此出色的郎朗，在刚开始踏上职业生涯时，也只能从替补做起，而且是第七替补。这个世界上，拥有钢琴演奏才能的人并不罕见。所以，郎朗只能排在第七顺位，只有正式的演奏者以及前六名替补都发生状况，才能轮到他上场。而这种机会可以说是少之又少。也就是说，如果郎朗一直待在第七顺位，那么他成名的机会绝不会比买彩票中大奖的概率更高。

郎朗并没有气馁。他夜以继日地练习演奏，磨炼技艺。他的努力以及越发高超的钢琴演奏水平终于使他迅速被提升到了第一替补的位置。这时，机会来了。1999 年，在芝加哥拉文尼亚音乐节明星演奏会上，正式演奏者安德鲁·瓦兹不适，无法登台，处于第一顺位替补的郎朗，就被紧急安排代替安德鲁·瓦兹与芝加哥交响乐团合作演奏柴可夫斯基《第一钢琴协奏曲》，那年他才 17 岁。开场前，著名艺术大师斯特恩向观众介绍郎朗说：“你们将从这位年轻的中国男孩身上听到世界上最美妙的声音。”而郎朗果然不负众望，完美地完成了演奏。演奏结束时，全体观众激动地起立欢呼，掌声持续了足有 7 分钟。美国《芝加哥论坛报》也被朗朗的表现所折服，赞扬他“是世界上最伟大、最令人激动的钢琴天才”。当晚，郎朗又在拉威亚的独奏厅为音乐家们演奏巴赫的《哥德堡变奏曲》。当时，他已经有两年没弹过这首曲子，但他硬是用 1 小时 10 分钟完成背谱，并进行了出色演奏，被《芝加哥日报》誉为“音乐史上的奇迹”。从此，郎朗一炮打响，红遍世界，陆续得到了世界上所有一流乐团的签约，开始了真正的职业生涯。

如果不是刻苦练习，这一夜成名的机会本来是不属于第七替补顺位的郎朗的。但郎朗却用积极的态度让自己做好了迎接机会的准备，改变了命运。时间是公平的，机遇也是公平的。你若平时做好积累和准备，当寻找到机会，才能主动出击，顺利完成。机会永远只偏爱做好准备的人。

阅读笔记

你等拣选时，他们已在路上

这个世界上，有很多人在听天由命地活着。他们信奉的是“命里有时终须有，命里无时莫强求”。这些人总是在等待着命运的审判，等着好运或是厄运随便谁来敲门。在这些人等待命运的拣选时，有些人早已走在迎接好运的路上。

阿诺德·阿洛伊斯·施瓦辛格，美国著名影星，曾经的美国加利福尼亚州州长。很多人并不知道，施瓦辛格原本是奥地利人。

1947 年，施瓦辛格在奥地利格拉茨市出生，是家中的次子。当时二战刚结束不久，奥地利从纳粹德国的吞并中解放出来，又被盟国和苏军分别占领。当时的奥地利百废待兴，物资匮乏，施瓦辛格一家不得不节衣缩食。直到 14 岁，施瓦辛格都没有享受过暖气、电话和电冰箱，甚至没有享受过室内卫生间。经常挨冻受饿的小施瓦辛格从懂事起就渴望摆脱这种困顿的生活。

1956 年，11 岁的施瓦辛格第一次看了一场美国电影。他被电影中的美国惊呆了，觉得那才是他应该待的地方。他不止一次地跟他的伙伴们说：我一定要去美国，成为好莱坞明星，然后娶一位“肯尼迪小姐”结婚！和今天的许多人一样，施瓦辛格做起了美国梦；和今天的许多人不一样的是，施瓦辛格开始认真思考如何能够实现这个梦想。

他偶然发现健美运动在美国非常受欢迎，觉得可以通过成为健美明星当选“环球先生”，圆他的“美国梦”。于是15岁那年他开始练习健美。为此，他积极参加体育锻炼，练习举重，还参加了当地的橄榄球队。他的父母本来属于“狼爸虎妈”类型，每天都严格训练儿子。但现在看到小施瓦辛格居然疯狂练习肌肉，担心他受伤，损害了青春期正在发育的身体，于是严禁他每周去健身房的时间超过3个晚上。但施瓦辛格还是经常躲着父母偷偷练习。

中学毕业后，18岁的施瓦辛格特地报名参军入伍，原因是在部队每天都有肉吃，可以让他的身体更强壮。在自己的严格规划下，施瓦辛格陆续获得了“少年欧洲先生”“欧洲先生”“欧洲体形最健美的男士”等荣誉，并在1967年以20岁的年纪成为历史上最年轻的“环球先生”。

1968年，施瓦辛格终于踏上了日思夜想的美国土地，到迈阿密参加“环球先生”大赛，以微弱劣势屈居亚军。但令他高兴的是，他在美国找到了工作，洛杉矶的几家健美杂志请他为读者撰写文章。两年后，施瓦辛格成为世界上第一个完成“世界先生”“环球先生”和“奥林匹亚先生”大满贯的健美明星。到1975年结束健美运动生涯时，施瓦辛格惊人地实现了“奥林匹亚先生”大赛的六连冠，还五次获得“环球先生”的头衔。

以健美运动员身份退役后的施瓦辛格继续留在美国，做健身书籍、录像带生意和房地产投资，并取得了威斯康星大学商务和国际贸易专业的学士学位。总之，为了在美国更好地生活下去，施瓦辛格做了很多事。而他所做的这些事，都在为使自己成为好莱坞明星做准备。这期间，施瓦辛格已经几次“触电”，但效果一般，直到出演《野蛮人科南》，才火了起来。从 20 世纪 80 年代开始，施瓦辛格成为硬汉象征、票房保证，成功主演了包括《终结者》《独闯龙潭》《铁血战士》《真实的谎言》等一系列广受欢迎的影片。

1983 年，施瓦辛格获得美国国籍；1986 年，施瓦辛格与电视记者、美国前总统肯尼迪的外甥女玛利结婚。

施瓦辛格童年许下的誓言全部实现了。这时，他又为自己定下了新的目标——进入美国政坛。

2003 年 10 月 7 日，施瓦辛格以 48.6% 的选票当选美国加利福尼亚州第 38 任州长，并于 2006 年年底的州长竞选中获得连任。

想一想你童年的梦想是什么，你可还记得？我们很多人童年都应该梦想过成为科学家、解放军、人民教师……但是长大后实现了儿时梦想的人少之又少。我们总是缺乏切合实际的梦想，缺乏具有行动力的人生规划，缺乏实现梦想的行动。而施瓦辛格 11 岁的梦想却被他不打折扣地全部实现了——在很多人还在等着馅饼砸到自己头上的时候。

不切实际的梦想等于空想，缺乏行动力的规划等于白日梦。在这个世界上，即便有上帝、神仙，也不会帮助想要不劳而获的人。正所谓“天道酬勤”，“自助者天助”。命运不喜欢那些等待拣选的“聪明人”。

类似实现“美国梦”的施瓦辛格，中国也有这样一位走出卑微泥沼的圆梦人。她就是香港特别行政区第五任行政长官林郑月娥。

林郑月娥 1957 年出生于香港湾仔的一个普通家庭。她的父亲原本是上海人，做点小生意；她的母亲是土生土长的香港人，没有受过什么教育。因为家庭经济条件差，林郑月娥一家 7 口人加上她的外公、外婆租住在湾仔区的告士打道的一个唐楼的公寓里。而这栋公寓并非她家独享，还有五六户 20 多人与林郑月娥一家同住。

当年的林郑月娥就住在这样的环境很差的唐楼里，连书桌都没有，只能以床铺为书桌，趴着写作业。

少年时的林郑月娥原本梦想做医生。但见过了越来越多的穷苦人之后，她改变梦想，立志服务社会。因此，林郑月娥不仅在香港大学主修社会学，而且大学毕业后毫不犹豫地报考公务员，开始公职生涯。此后 36 年里，林郑月娥历任 20 个不同的政府职位，积累了丰富的从政经验和声誉，帮助她在 2017 年的第五任香港特首竞选中胜出。

同样是个行动派的林郑月娥曾经这样教导她的儿子："无嘢（没有什么）好恐惧，无嘢（没有什么）不可克服。"凭着雷厉风行的行动派作风，在不知道多少人还在做黄粱美梦的时候，林郑月娥已经即将成为 700 多万人的领导人。

幸福生活等不来，要靠双手来创造。在你等待拣选的时候，他们已经出发。如果你还不奋起直追，将被越落越远。

你所说的运气差，不过是什么都不做

话说，从前有个贫穷的基督徒，每天都非常虔诚地向上帝祈祷说："主啊，我实在是太穷了，恳请您赐予我一笔财富吧！"一天又一天，他都是什么也不做，一门心思做着这样的祈祷。他的母亲让他去整理一下屋后的地种点蔬菜吃他不肯，朋友拉他去买彩票他不去，反而不耐烦地说："我这么虔诚，主自然会让我过上好日子，我还做这些干什么呢？"

转眼到了秋天，财富没来，洪水来了。汹涌的洪水很快淹没了这名基督徒所在的村庄。他急忙爬上了屋顶，跪在上面大声请求："主啊！请你快来救救我吧！"这时，有位好心人划着一只小船经过，发现了他，急忙让他赶紧上船逃生。谁知这个基督徒却坚决拒绝了，说："你不必管我，我已经向主祈求了，他会来救我的。"好心人见实在劝不动，只好划船走了。基督徒继续祈祷。不一会儿，又一位好心人划船经过，招呼他上船一起逃难。基督徒仍然拒绝说："你别管，主会来救我的。"第二位好心人也只好离开了。很快，因为洪水的冲刷、侵蚀，基督徒脚下的房子出现了崩溃倒塌的迹象。危急关头，恰好又有一位好心人划船经过，要救他。可他还是拒绝了，坚决要等上帝来救他。结果，一个大浪打来，房子塌了，基督徒被卷入洪流，淹死了。

死后的基督徒，灵魂被上帝召唤到了天堂。还没等上帝开口，基督徒先发飙了，质问上帝说："仁慈的主啊，请恕我无礼。我曾经那么虔诚地请求您赐予我财富，让我过上好日子，没想到您连一个铜板都没给过我。后来在危难的时候，我那么虔诚地向您求救，可是您还是眼睁睁看着我溺水而亡。主啊，难道是我犯了什么大罪让您弃我而不顾吗？"

忍无可忍的上帝耸了耸肩，说："你祈求财富，我听见了。我在你家屋后的地里埋了一罐金子，让你的母亲支使你干活儿去发现它，然而你不肯干。没办法，我又让你的朋友拉你去买彩票，准备让你中奖得一笔巨款，然而你连彩票都不买。你遇到危难向我求救，我连续派了 3 个人划船去救你，然而你就是不上船。结果你财没发成，又被淹死了，难道还怪我咯？"

这个故事告诉我们，如果一个人自己什么都不做的话，谁也帮不了他。

故事讲得再好，不如事实更让人信服。

有一个市级贫困村，村里有 20 多户精准扶贫户。驻村书记——一个 20 多岁、毕业于名牌大学的小伙子——与对口结对帮扶的市级单位反复研究讨论，决定进行产业项目扶助，无偿向这些贫困户提供 2000 只鹅苗，并提出等鹅苗长大产蛋后，按市场价格回收鹅蛋。结果，这样的好事，却没几家贫困户响应。帮扶单位无奈之下，又承诺给养殖者无偿提供饲料，驻村书记也反复做工作，最终全部贫困户总共才认养了 300 多只鹅苗。

就这 300 多只鹅苗的认养，也是非常堵心。一开始，帮扶单位见既然认养了

300多只，就准备把鹅苗赶紧送来。结果贫困户提要求了：你这鹅苗喂大一点儿打完疫苗再送来吧，这样我们也可以快点儿卖鹅蛋赚钱。帮扶单位虽然心里不痛快，但是一想，觉得按贫困户说的做，可以保证成活率，免得被贫困户养死了又生波折，好事变坏事，于是最终还是答应了。后来，鹅苗养大了，打了疫苗，帮扶单位开车送到贫困户手中，又随车送来1万多斤饲料。当时，帮扶单位和乡镇干部一起帮忙卸车，谁知那些贫困户就排着队在一边干看着，连一个伸手帮忙卸车的都没有。

由此可见，这些贫困户陷入贫困，不是没有原因的。好吃懒做，不努力，不认真干，他们不穷谁穷呢？

经常看到有朋友在网络上说，想过“面朝大海，春暖花开”的生活。这样神仙般的日子，是“睡觉睡到自然醒”就能获得的吗？成功要是这么容易获得，世上就不会有这么多的穷人了。

很多人不能取得成功，并不是他单纯的运气差，而是因为他眼高手低，丫鬟的身子公主的心，吃不得辛苦受不得委屈，这个不愿干那个干不了。事实证明，只要肯做事，穷山恶水也能出富翁，号称“贫瘠”的非洲也能出良田。“面朝大海，春暖花开”的生活等不来，要不来，终究要靠你凭自己的双手拼出来。

栽下梧桐树，凤凰自然来

俗话说：没有梧桐树，引不来金凤凰。在中国古代的神话传说中，凤凰这种祥瑞“非梧桐不止，非练实不食，非醴泉不饮”。而传说中凤凰一旦落在哪里，哪里就会国泰民安，盛世降临，老百姓就会获得幸福、祥和。那么，谁要想凤凰落在自家境内，沾点儿福运，就要广栽梧桐。而这梧桐树却不是好栽的，低洼地不长，盐碱地不生，不耐草荒，不耐水涝，萌芽力弱，若不精心伺候，绝难栽种成功。所以，把梧桐栽种到能引来金凤凰的程度，绝非易事。

如果把机遇、幸运、成功比作凤凰，那一个人的努力就相当于栽种梧桐树的过程。没有这个艰辛的过程，就栽不活梧桐树，引不来金凤凰。

阿里巴巴以及它的掌门人马云，如今不止在中国，甚至是在世界范围内也是鼎鼎大名的。尤其是阿里巴巴旗下的淘宝、天猫商城，仅仅 2016 年一个双十一活动当天，就实现了成交额 1207 亿元人民币，淘宝和支付宝更是改变了十几亿中国人的消费方式。马云的崛起，就是一个栽种梧桐树引来金凤凰的实例。

说起阿里巴巴，很多人可能都要感叹马云运气真是太好了。因为在阿里巴巴创立的当年，马云在获得了500万美元融资、已经不缺钱的情况下，意外地通过6分钟的交谈又获得了2000万美元的巨额融资。

事情的经过是这样的。

1999年9月，以马云为首的“十八罗汉”——即十八位合伙人——在杭州正式成立阿里巴巴集团，并从高盛集团获得500万美元的融资。也就是在这时，马云的朋友古塔三番两次地联系马云，让他赶紧到北京来见一个人。

原来，要见马云的人是孙正义，年仅41岁的韩裔日籍亿万富翁、世界著名风险投资公司软件银行集团的当家人。马云与孙正义见面后，获得了6分钟阐述机会。这时，尚不缺钱的马云并没打算向软银融资，所以仅介绍了一下未来的打算。而孙正义也只是听了马云这场梦想畅谈，就最终向阿里巴巴投资2000万美元。

2000万美元的投资，任谁来说都是一笔巨款。这么看来，马云真是红运当头，撞了大运。那么，阿里巴巴能有今天，真的就是靠马云当年偶然的运气吗？当然不是。人们忽略了马云为引来金凤凰所付出的栽种梧桐树的努力。

马云1964年出生于杭州，父母都是从事苏州评弹工作的。中小学时代的马云英语很好，但是数学很差，而且经常打架，也不是个乖学生。参加中考时，马云因为偏科严重，考了两年才考上一所普通高中。1982年第一次参加高考也毫无悬念地名落孙山，因为他的数学只得了1分！这让很多人感到不可思议，按照现在高中生的说法，即使蒙对几道选择题也不至于只得1分吧？不甘心的马云一边打工一边复习，第二年再次参加高考，数学提高到了19分，但仍然没考上任何一所大学。他的父母都觉得他这样的成绩没必要再考了，还不如学门手艺来养活自己。但马云不顾家人的极力反对，第三次参加高考，这次数学终于考了89分，虽然总分离本科线还差5分，但因为所报考的英语专业招生指标未满，马云英语又特别出色，最终得以被杭州师范学院破格录取。

大学毕业后，马云被分配到现在的杭州电子科技大学任教，其间搞副业成立了一家翻译社。最终他辞职下海，凑了2万元成立了中国第一家互联网商业公司——杭州海博电脑服务有限公司。后来又与外经贸部合作，在北京成立中国国际电子商务中心。1999年，马云与另外17名合伙人组成“十八罗汉”，共同成立阿里巴巴。

从马云这53年的人生来看，他能够得到软银的风投，并且把阿里巴巴做到今天这样强大，都源于他当年成立了阿里巴巴，并且对未来有一个能够让人认同的规划。而这些都来源于马云之前几年的创业经历，还有他教学和人际交往中对互联网行业的耳濡目染。能够实现这些的前提，则是他连续三年不放弃参加高考。马云差5分却被录取，看上去特别幸运，归根到底也是因为马云出色的英语。但是，马云的英语为什么出色？原来，他12岁时偶然对英语产生浓厚兴趣，便每天听英语广播、努力学习英语。并且，在数学成绩无法再差的情况下，马云愣是考到了89分，其间付出了何等努力，也是可以想象的。有过学习经历的人都知道，数学不是只要背会了公式就可以的。一个“数学渣”要想提高成绩，唯有一遍一遍地做题，做尽各种题型，才能逐渐找到做题的感觉，参透其中的规律。这就好比栽种、培育梧桐树的过程，虽然辛苦，但是必须这样做。

换做现在的绝大多数高中生，如果考得不理想，有没有复读一次甚至两次的勇气呢？现实情况是，无论怎样，选择复读的永远只占很小一部分。大部分原因是，很多同学从炼狱般的高三出来，都想赶紧摆脱那种生活状态，赶紧翻篇。与其选择复读，不如上一个不那么如意的大学，毕竟，怀着对大学的憧憬和对未来的期待，“接下来的三四年再努力也不晚呢”。

然而，也许你再多努力一次，就可以成为另一个马云；也许你再多努力一次，就会成为比今天更好的自己；也许你再多努力一次，就栽成了梧桐树，引来了金凤凰。一个人失败还是成功，端看他是否半途而废放弃努力。高考复读不是唯一的选择，如果在不理想的大学里保持上进的状态，也是前途无量。最重要的是，决不能因为怯懦而丧失前进的勇气，那样，你便永远也种不活梧桐树了。

成功都不是偶然的，只是获得成功的条件因人而异，各不相同。很多人只看到了别人成功后的表面光鲜，却看不到他们手上的老茧、脚下的荆棘，以及他们身后洒下的汗水和泪水甚至是血水。所以，不要再拿“别人的成功只是随机的”这种话来欺骗自己。谁的成功都不是偶然的。而我们是否有这个资格获得“金凤凰”，就只看我们付出多少努力去“栽梧桐”了。

阅读笔记

....

....

....

....

机遇就是游戏通关后的藏宝箱

机遇与幸运，看似相近，实际上不完全相同。如果说幸运还有可能在极其偶然的情况下光顾一个懒汉的话，那么机遇就绝对不会垂青任何不勤奋努力的人。

机遇只青睐有准备的人，机遇只留给足够勤奋努力的人。

在我看来，机遇就像是网络游戏里，BOSS 被推倒后爆出来的藏宝箱。藏宝箱里会有紫装、橙装、史诗装，能大大增强角色的实力，让你更有把握打通下一个关卡。但是，在你打通眼前这个关卡获得藏宝箱之前，你需要认真查找攻略，需要仔细构思战斗细节，需要做足后勤准备，需要组建合适的团队，并且需要在实际战斗时小心谨慎而又坚持不懈地一点一点地磨掉 BOSS 的血条。

其实实际生活中也是这样。无论你是加入一家公司，还是自己创业，你首先要对企业的定位、运行等做一个初步的考察，还要考虑到市场的需求，要做好就业或创业的知识储备，要组建合作团队，要按照工作计划经年累月地工作，才能抓住更多的机遇，达成目标。

山东地产界有一个名气很大的希森集团。希森集团的名气，很大一部分来源于它的董事长梁希森的一次传奇般的投资经历。

当时，希森集团作为山东省十强民营企业，如何继续发展，成了梁希森需要慎重考虑的问题。当时房地产业并不像今天这样如火如荼，只是小荷才露尖尖角，但梁希森敏锐地感觉这一块天地将会大有作为，最终决定介入，并决定要做就到最具潜力的北京做。

这时，北京正好有个利达玫瑰园别墅区工程，因为开发商资金短缺，处在暂时停工的状态。这项建筑工程所需的资金太大，其他房地产企业都不想接手，生怕资金链断掉。但梁希森却十分看好玫瑰园，认为它是上天赐给希森集团的一个良机。于是，梁希森与利达玫瑰园开发商签订了垫资施工协议，首批垫资 7000 万元，并且承包了一部分建筑装饰工程和部分基础设施建设。最终，因为开发商始终无力支付工程款，玫瑰园被梁希森以 3.98 亿元竞买成功。没多久，北京市叫停了市内别墅建设项目的审批，玫瑰园成了北京最后的别墅群，而之后北京房地产市场日益火爆，梁希森陡然成了身家 20 亿的富豪。

对于梁希森来说，这次垫资玫瑰园在他目前为止的人生中，可以说是最大的一次机遇，是让他登上人生顶峰的一次重要决策。但是，为了做到这一步，他着实经历了足够多的苦难。

梁希森 1955 年出生在山东省乐陵市梁锥村。当时新中国刚刚成立 6 年，全国大部分地区经济非常落后，梁锥村也不例外。作为一个农民家庭，梁希森家里兄弟姐妹众多，家境贫寒，经常食不果腹。很快，更不幸的事情发生了——1959 年到 1961 年期间，随着家里状况越来越差，10 岁的梁希森不得不离开家乡，到河北去讨饭，才得以活下来。13 岁开始，梁希森跟着铁匠师父干了 4 年打铁的活儿。17 岁，他又在河北沧州的一个锻造工厂当上了锻工，因为工作卖力，后来被提拔为车间主任。1976 年，时代变迁，21 岁的梁希森孑然一身去了当时富裕发达的东北闯荡，积攒下了一些钱。改革开放后，梁希森返回家乡，用攒下来的钱创办了面粉厂、毛巾厂、钢构公司等企业，并在 1996 年攒下了亿万身家，这才有了拿下玫瑰园的实力。

梁希森一天学也没有上过，除了自己的名字之外只认识平常用到的两三百字，每天需要处理的信件、传真、报告等都需要司机、秘书念给他听，重要的、机密性的文字需要他的夫人过目。

用游戏的术语来说，梁希森就是一个“新手村里的 1 级新人”，而我们相对而言起码都是一群“穿着平民套装的人”。现在，一个 1 级新人一路练级杀怪，攒钱攒装备一步步做成了武林盟主，而一群没有什么成就的平民级别的人还在抱怨命运不公。到底是命运不公还是你不够努力，我想，你的心里应该有所感悟了吧？

你有毅力在虚拟世界里一个怪兽一个怪兽地攒经验，有耐心在虚拟世界里一个金币一个金币地攒钱，有勇气舍死忘生地面对 BOSS 冲锋陷阵，却没毅力、没耐心、没勇气面对现实生活中的困难挫折，不在现实中努力去拼搏一次。游戏里的那个虚拟世界，难道是你真实生活的世界吗？

其实，人生某种程度上也可以当作一场游戏，拿出在虚拟世界里的劲头去“攻略”它吧，一切机遇都在那里，就看你有没有做好准备。努力后的“通关所获”别人都说是机遇，只有你自己知道是之前自己所有的努力和准备才换来了这个藏宝箱。

5

Chapter

努力：你的努力，终究成就幸运的自己

网络上有一句流行语，“以绝大多数人努力的程度之低，根本不足以拼天赋”，对很多人来说，确实是这样。学不好数学英语觉得自己“不是这块料”，跑几千米累个半死，就认为自己没有运动细胞……这样的小事在生活中不胜枚举。有天赋固然很好，但是一开始的路比较困难，就是一个人放弃的理由吗？要知道，即使是钻石金矿，也需要深度的开凿才能重见天日。何况人的大脑和身体都具有非常大的潜力，何不从锻炼自己的精神与肉体开始做起呢？

你想成为幸福的人吗？但愿你首先学会吃得起苦。

——俄国作家　伊凡·谢尔盖耶维奇·屠格涅夫

智商不能决定一切，努力才能光芒万丈

爱迪生曾经说：天才就是99%的汗水加1%的灵感。对于这句话，直到现在都有一种说法，说爱迪生的原话是“天才就是99%的汗水加1%的灵感。但那1%的灵感是最重要的，甚至比那99%的汗水都要重要”。于是，一些人拿着爱迪生的话来告诉人们：瞧，连世界上最伟大的发明家之一的爱迪生都这样说了，可见一个人的天赋是最重要的。没有天赋的人再努力都没有用，所以我们普通人还是洗洗睡吧。

实际上，爱迪生的原话是：

Genius is one percent inspiration and ninety-nine percent perspiration, Accordingly, a “genius” is often merely a talented person who has done all his or her homework.

这句话翻译过来是这样的：

天才是就是1%的灵感加上99%的汗水。因此，天才不过是一个经常能完成

自己工作的聪明人而已。

所以，爱迪生其实是告诉人们：一个人要想取得成功，得到人们的认可，脑子要聪明，也要足够努力。他从来没有说过类似“天赋比努力更重要”这样的话。事实上，世界上任何一个成功人士都不敢说这样的话，因为他们知道自己的成功来得多么艰辛。可有人却篡改了爱迪生的原话，宣扬头脑比努力更成功的论调。头脑聪明真的那么重要吗？未必。

到目前为止，经过检测认定的世界上智商最高的人是华裔澳大利亚人陶哲轩，IQ 得分 230 分。我们必须承认，如此之高的智商对陶哲轩帮助很大，他参加美国高考时满分 800 分的数学测试得了 760 分，24 岁成为加利福尼亚大学洛杉矶分校全职正教授，31 岁时获得数学界最高荣誉“菲尔兹”奖。但是我们还必须知道的是，自 1936 年开始，获得并接受“菲尔兹”奖的一共有 57 人，最年轻的获得者只有 27 岁。没有任何数据表明陶哲轩之外的 56 人智商得分能够排进世界前十。

以 IQ 得分 225 分排在陶哲轩之后的美国人克里斯托弗·希拉塔，目前在利福利亚理工学院做天体物理学助理教授。而 IQ 得分 160 分的霍金 31 岁时就发表了《时空的大尺度结构》这一极具学术价值的著作——那时他已经是个渐冻症发作 10 年的病人。

世界头号大科学家爱因斯坦的智商是多少？经过普林斯顿医院的托马斯·哈维教授对爱因斯坦大脑的研究，爱因斯坦的 IQ 得分是 146，连有数据以来的历史前十都排不进去。

在爱迪生看来，一个人要成功得是个聪明人。这话并不全对。聪明是一个比较模糊的概念，智商的高低也是相对的。生活中智商高的人少之又少，而资质平庸者居多。大家所熟知的王宝强，因为出演《天下无贼》中的角色深入人心，被观众亲切地称呼为“傻根儿”。其实王宝强不傻，和我们生活中的普通人一样，而且他做得比普通人要好，甚至比一些自称智商高的人更好。

当年，王宝强看了李连杰主演的《少林寺》，迷上了武术，想当明星，于是8岁被送进少林寺习武，整整练了6年。14岁出师之后，王宝强只身闯北京。他个头儿不高，长相不帅，又没背景没后盾，做了很长时间“群演”，直到遇到了导演李杨，主演了电影《盲井》。李杨为啥用一点儿名气没有、土头土脑、非科班出身的王宝强当主演？因为李杨要拍的这个电影，主角元凤鸣是一个16岁的农村孩子。而来自农村、年岁相当、没进过艺术院校、长相憨厚的王宝强正符合李杨的要求，这才被一眼相中。

当时这部电影要在矿井下拍摄很多镜头。因为害怕下井，包括女主演在内的一半演员都跑了，以至于制片人都觉得这部电影没戏而撤出了。演员们的害怕并非没有道理。剧组曾经在一个小煤矿矿洞里连续工作了20多个小时，收工上来两个小时之后，那个矿洞就塌方了。就是处在这么危险的条件下工作，16岁的王宝强却没有跑。王宝强不跑不是因为他能预知这部电影上映后会获得一系列大奖，也不是他能预感到这部电影会让他一举成名，而是因为这是他北漂生涯里第一次能正儿八经演一部电影的机会，而且是主演。像许多艺人一样，王宝强要拼命抓住每一次机会，他连每一次“群演”机会都不放过，何况是这样一个主演呢？所以王宝强为此而拼命了。他并不知道这部戏会让他红，但他懂得不能给自己留下遗憾的道理。

事后我们可以说王宝强这么做是聪明的，但把许多聪明人放在当时王宝强的位置上，他们可能早早就跑路了。就像《愚公移山》这则寓言故事一样。智叟是个聪明人，而愚公是个又倔，脑子又不是很灵光的人。但是，智叟认定挖不通的两座大山，愚公就是给挖通了。之所以智叟认定不能成功的事愚公给干成了，是因为智叟只说不练，而愚公则是不大干一场不认输。王宝强正是一个愚公式的人物。纵观他的成名之路，不是因为他运用了自己的智商，而是因为他踏实肯干，珍惜每一次机会。

所以，“王宝强不聪明怎么会赚下千万身家，怎么会成为明星”这种问题的答案就是：因为王宝强敢于拼搏，愿意努力。一个能够努力工作，并且愿意为了角色去尽职尽责地演出甚至是不怕危险的人，哪个导演不愿意用呢？怎么能不成名呢？

惜命又惜力，怕流血怕流汗，这样的人，他一生都只能做别人的垫脚石。智商自古以来就不是决定一切的因素。想要光芒万丈，你总得大干一场，总得燃烧自己。聪明只是锦上添花，实干才能为你的生活雪中送炭。

阅读笔记

....

....

....

....

靠自己才能过上你想要的生活

面朝大海，春暖花开的日子，有谁真的不想要吗？睡觉睡到自然醒，朝看日出晨露，晚伴日落余晖，有谁真的不想要吗？

财富、名声、势力，任何一个对人生还有梦想、对自己还有信心的人都想拥有这一切。那么，怎么才能过上你想要的生活？

成功是要靠自己。如果你自己不努力，老天也帮不了你；如果你够努力，老天也阻止不了你。

我们绝大多数人之所以得不到自己想要的成功，就是因为太精于找借口，把本来应该用于努力的时间全用来享乐，然后把失败归咎于公司太苛刻、客户太挑剔、同事太卑鄙、行业不景气、社会不公平、家里帮不了忙……这样是根本无法解决问题的。如果，别人在努力学习的时候你在玩游戏，别人在努力工作的时候你在上网耗时间，别人在加班加点的时候你在蒙头睡大觉，你却希望自己的生活与拼命努力的人一样美好，这才是天底下最不公平的事。

只要努力就能过上自己想要的生活，这不是绝对的，却是实现梦想最好、最实在的途径。努力到一定的境界，连奇迹都会发生。如果你是一个快递员，你能不能建成一座美丽的能够作为文化遗产传世的城堡？很多人的答案都是："不能，因为我只是个快递员，我没有那么多钱。"然而，这事有人做到了。

在 19 世纪的法国德龙省罗芒以北的一个村庄里，生活着一个名叫薛瓦勒的邮递员。他每天的工作就是徒步往返于附近的村庄，为村民们收信、寄信，赚取微薄的酬劳。

1879 年的一天，薛瓦勒在路上发现了一块很好看的石头，非常喜欢，就将它放进了自己的包里。晚上临睡前，他拿出石头把玩，思绪天马行空，忽然想到，如果用这样美丽的石头建造一座城堡，那该有多美！想到就做。从此开始，薛瓦勒每天都在工作的路上留意路边的石头，每天都挑选一块带回家备用。后来，薛瓦勒发现每天收集一块石头的速度太慢，会导致自己来不及完成梦想。于是，他开始推着独轮车上路，只要发现好的石头等材料就都装上独轮车，直到装满为止。

就这样，薛瓦勒白天在工作的路上收集材料，晚上就用这些材料搭建城堡。他没有学过建筑设计，全靠自己的见闻和天马行空的想象来建造。33 年之后，在薛瓦勒家的附近，一个涵盖基督教、伊斯兰教、印度教等风格的城堡建筑群出现了。

1905 年，法国一家报社的记者偶然发现了这个低矮而又华丽的城堡建筑群，对当地秀美的风景和城堡的建筑格局赞叹不已，写了一篇报道。文章发表后，连大画家毕加索都闻讯赶来参观，对薛瓦勒称赞有加。邮递员薛瓦勒就此成名。

因为这个城堡群实在是太美了，薛瓦勒本来想将自己安葬在这个城堡群里的想法被否决了。当时已经 78 岁的薛瓦勒对此并无异议，而是在村庄的公墓里为自己挑了个地方，又花了 8 年时间建起了一座专门用于安葬自己的宫殿。1924

年，薛瓦勒平静地走完了一生。他为世人留下的城堡建筑群被命名为“理想宫”，又称“邮差薛瓦勒的理想宫”。它作为世界现代艺术史上一件独特的艺术品，成为法国最著名的旅游风景之一，并于1969年被批准成为世界文化遗产。在城堡建筑群入口处的一块石头上，刻着薛瓦勒的一句话：我想知道一块有了愿望的石头能走多远。

得多努力才能过上自己想要的生活？薛瓦勒告诉我们：他用41年的努力做到了。干什么都不容易，因此才需要努力。努力的代价远远低于不努力的代价。这个世界上，努力不一定能获得相应的结果，但不努力一定不会得到自己想要的生活。

在台湾高雄的一个村庄里有个小男孩。他从小跟着父亲在田间干农活。

小男孩觉得干农活很辛苦，面朝土地背朝天，汗流不止，腰酸背痛。休息的时候，他不禁望着天空出神。小男孩的父亲问他在想什么？小男孩回答说：“我在想，将来我一定不要种田，也不要去公司上班。我要坐在家里就有人把很多的钱汇给我。我还要去外面的世界看看，看一看神秘的埃及金字塔。”

父亲很生气，说：“就你这样还想去看埃及金字塔？不种田又不做工，你拿什么吃饭？靠什么养家？”

小男孩对父亲说：“我可以当作家啊。作家就只要坐在家里写字赚稿费就行了，不用种田、做工。”

父亲听了还是很不高兴，觉得儿子可能有些好高骛远，说：“别白日做梦了。我看你也没有当作家那个命，先好好给我种田吧。”

父亲以为儿子这天的话只是一时兴起。但小男孩却为自己的梦想认真了。他从此开始写作，努力学习，广泛阅读，练笔不辍，到大学毕业后已经写得一手好文章，30岁之前将台湾所有文学大奖全部获得一遍，连续10年被评为台湾十大畅销书作家之一，作品多次被选入海峡两岸及香港特区的中小学语文课本，也多次被选入大学课外读物，甚至新加坡的中小学华语课本中也有收录，稿酬不断。昔日的小男孩长大后，有一天真的到了埃及，看到了浩瀚沙漠上的金字塔，然后站在金字塔旁边打电话给他的父亲：“爸爸，我当年的梦想全都成真了！”

故事中的小男孩，就是被誉为“当代散文八大家”之一的台湾自由作家林清玄。

你想要的生活，离你很远，远在天边；也离你很近，近在眼前。至于到底是远还是近，就取决于你努力的程度。有人说：我已经足够努力了，怎么还是没能过上我想要的生活呢？答案很简单：你努力得还不够。

阅读笔记

比你优秀的人都在努力，你还在等什么

世界上没有几个人不知道成功要靠努力的道理。但是，要努力到什么程度才能获得成功呢？

一个人要努力到什么程度才能够成功，这种事情还真是不好说。人与人情况不同，做事需要付出的代价也不同。比如说样貌优秀的男士，想要追求女生就会比普通长相的人容易很多，大家也往往会被第一眼看到的相貌所吸引。而对于普通样貌的人则需要长期与之相处，去发掘他的内在优势。如果你相貌平庸，却又不知进取，这样就更容易落在别人身后更远的地方。曾经有一份流传开来的王健林的 2016 年 11 月 30 日的日程表，震惊了许多网友。

这一天，王健林的行程是这样的：

04：00	起床
04：15—05：00	健身

05 : 00—05 : 30	吃早餐
05 : 45—06 : 30	前往机场
07 : 00—12 : 15	雅加达飞海口
12 : 20—12 : 45	抵达海南迎宾馆
12 : 45—13 : 00	海南领导会见
13 : 00—13 : 20	海南万达城项目签约仪式
13 : 20—14 : 10	便餐
14 : 10—15 : 00	前往机场
15 : 10—18 : 10	海口飞北京（飞机上讨论海口万达城项目图纸）
18 : 30—19 : 10	到达办公室

据万达员工介绍，王健林这一天的繁忙行程基本就是他平时每天的工作写照。也就是说，王健林平时也基本都是这么忙。当过军人的王健林虽然不是每天都一定是 4 点起床，但是他亲口承认现在每天都会在 6 点之前起床。

而比起王健林，你的行程表可能是这样的：

06 : 00	醒
06 : 00—06 : 30	赖床
06 : 30—07 : 00	不情愿地起床，匆忙洗漱
07 : 00—09 : 00	出门上班，路上随便买份早餐
09 : 00—12 : 00	上班，趁老板不注意的时候玩手机，玩电脑游戏，打瞌睡

12：00—13：00	吃午餐，午休
13：00—17：00	上班，偷空刷刷网页
17：00—19：00	下班回家
19：00—19：30	吃晚饭
19：30—22：00	玩游戏/追韩剧/刷朋友圈/……
23：00—00：00	拿着手机不知什么时候睡着了

怎么样？是不是描绘出了你真实的日常生活？

传出这份行程表的时候，王健林已经62岁。想一想，我们现在才多大？比王健林年轻得多的你，如果努力程度都比不上一个年纪大你很多、精力不如你的人，这不是一件很丢人的事吗？很多网友看到了王健林的这份行程表都不由得惊呼：终于知道我为什么这么穷了。

是的，如果大家都不努力也就罢了，最可怕的是比你优秀、比你成功的人居然比你更努力。毕竟王健林已经是经常占据中国首富榜的身家2000多亿人民币的人物了。这么有钱还这么拼，让不让我们这些懒人活了？

王健林曾经说过：成功一是要勤奋，二是要有智慧，三是运气。和所有名人一样，王健林认为成功的最重要因素是勤奋努力。当年王健林从部队转业后到西岗区住宅开发公司担任总经理，那时候的他对房地产行业一窍不通，不被看好。但王健林下决心一定要干出个样来，于是他用了四五年的时间，把睡觉之外的几乎所有休息时间都用来学习房地产行业知识。他为了跟沃尔玛先签租赁合同再盖商场，在被沃尔玛一口拒绝的情况下，锲而不舍地一次次上门谈，整整花了一年，跑了几十趟，才拿下了这份生意。国内哪个保险推销员有这份毅力？我尚未听说过。

有时候，家庭出身不够好的朋友可能不甘心：凭什么有人因为家庭条件好，不用太过努力就能过得很好，而我比他更优秀，却过得不如他？

这种抱怨不是没有道理，但是它对你的人生毫无意义。如果你没有外力可以依靠，那么，要改变自己的命运，除了努力你还能做什么？如果你的家庭没办法给你提供有力的帮助，那么，你为什么不从自己开始努力，让自己的子女不再重复你的老路？很多人幻想成为“富二代”，但是出身无法改变。你不如全力打造自己，让自己成为“富一代”，以后孩子们才会有更高的人生起点。

“奶茶妹妹”章泽天，高中的时候，以一张手捧奶茶的清纯照片爆红网络，现如今，又嫁给了京东 CEO 刘强东，还生了一个宝贝女儿，惹得一帮信奉“干得好不如嫁得好”的女人“羡慕嫉妒恨”。然而，“奶茶妹妹”嫁得好就是因为长得漂亮吗？翻开她的履历，你会吓一跳。

章泽天在中学时代就是学校健美操队队长，国家一级运动员，还以出色的综合素质被保送清华大学，就读人文科学实验班。这就不只是长得好看就能做到的了。跳健美操能成为国家一级运动员，需要付出多少努力，吃多少苦，相信人们心里都能有个概念。章泽天的高中体育老师说，健美操的国家一级运动员有很严格的考试标准，自己带了十几年的学生，能考出来的不过两三个。

所以事情很清楚，这又是一个活生生的比你优秀的人又比你更努力的例子。

其实如果认真去了解今天中外成功人士，基本上都是“早起的鸟”“奋蹄的牛”。有这么多活生生的例子摆在面前，任何狡辩都是苍白无力的。人家那么优秀还要这么努力，你又凭什么做着一心想要不劳而获的美梦呢？

曾经有记者问科比·布莱恩特：“科比，你为什么如此成功？”

科比反问记者："你知道洛杉矶凌晨4点的样子吗？"记者摇摇头。

科比说："我知道每一天凌晨4点的洛杉矶的样子。"

所以，你知道你所在城市凌晨4点的样子吗？

很多人都经历过这样的阶段：

小时候，老师让写作文，题目是《我的理想》，自己写的是当科学家、艺术家、作家；

上学后，幻想未来，大人们说清华北大是中国最好的学校，心里还在纠结，考清华好还是考北大好呢；

考上普通甚至二三流的大学后，虽然不太满意，但觉得自己并不比别人差，四年后还不一定怎么样，但四年下来，自己不过是"间歇性踌躇满志，持续性混吃等死"；

走出象牙塔，步入社会后依然信心满满，投了很多知名的公司，简历却石沉大海；

四处碰壁后开始认清现实，信心受挫，只好入职了小公司，从基本的业务员做起；

上班后朝九晚五，经常加班，月薪勉强维持生活，大额购物和旅行都要衡量再三，开始怀疑自己怀疑人生；

喜欢上公司里的同事，结果人家始终没有正眼看过自己；

看到同学、亲戚、邻居家的同龄人春风得意，更加心灰意冷……

这类人喜欢在年少时过高地高估自己，导致长大后屡屡受挫，然后又开始过低地低估自己。越是看到别人过得比自己好，自己就越是灰心丧气，自怨自艾，结果沉浸在消极的情绪里不能自拔，根本没想过奋起直追，也没有力气奋起直追。

其实，当下不如别人又有什么呢？只要奋斗，你完全可以努力超越他们。

2000 多年前，刘邦看见秦始皇出巡的仪仗，发出了“大丈夫当如是”的感叹。当时的刘邦是个一事无成的老百姓，与秦始皇比起来，可以说是云泥之别，一个是实现民族大一统的始皇帝，一个是不务正业的平民小混混。但就是这个刘邦，不仅第一个打进咸阳，灭了昏庸的秦二世，而且挑翻了贵族世家楚霸王项羽，成为中国历史上第二个建立封建大一统王朝的开国皇帝。从金字塔的底层爬到顶层，刘邦实现了最初的梦想。

著名小提琴演奏家吕思清当年与同学一起学习小提琴。一开始，他的演奏总是比一个同学差，原来那位同学每天练琴两小时，而他只是按照老师提出的“练琴不少于 1 小时”的最低要求去做。吕思清意识到，要成功就需要加倍努力。于是，他把自己练习的时间延长到了 4 个小时。这样做的效果很明显，一段时间后，吕思清的小提琴水平明显超过了对方。随后那位同学也意识到这个问题，立即增加了练琴时间，但吕思清在前期的付出中已经占据了领先地位。就这样，他日积月累地不断追赶比自己优秀的同行，逐渐超越了许多排在自己前面的人，终于成了世界级优秀的小提琴演奏家。

王健林说：定个小目标，先赚 1 个亿。这个目标对我们大多数人来说都太大了。但是你为什么不定个小目标，先攒 1 万块呢？ 1 万块对于大多数人来说，都是努力了就真的可以达到的。少去几次 KTV，少买几件衣服，认真工作争取加薪，这样这个月攒几千，下个月攒几千，也许不到一年你就可以达到。那些白手起家的企业家，他们财富的最初大抵都是这样积累下来的。如果没有之前积攒下来的资本，马云就没钱去创办杭州海博电脑服务有限公司，也就很可能不会有后来的阿里巴巴。梁希森如果不是闯荡东北积攒下了财富，就没有资本办厂，也就不可能有条件参与争夺玫瑰园的角逐。如果你的条件不如别人，那就更需要你横下一条心，一点一点地积累资本，以求量变引发质变，实现超越。

有人也许会说：为啥一定要超越别人呢？这样活着多累啊？

的确，很多人很容易陷入中庸思想：人家骑马我骑驴，回头一看，后边还有个挑担的。虽然我看到别人骑马觉得不甘心，但有挑担子的人在，我也不至于成为倒数第一名。比上虽然不足，但只要比下有余就行了。这种只要不是最后一名就好的思想其实早就进了故纸堆里了。

任何处于中间阶层的人如果没有超越其他人升入上一阶层的动力和毅力，那么他距离跌入下一阶层就为时不远了。你一眼看过去，挑担的人还会慢慢往前走，但保不准，下次你再看见他的时候，他可能就积累财富买了匹高头大马骑了，而你却可能因为驴病死了没钱再买而成为那个步行挑担的。

人生如逆水行舟，不进则退。越是不如别人，就越是要努力奋斗，为自己，为自己的后代，争取更多更好的资源。

世上没有努力解决不了的事

俗话说：世上无难事，只怕有心人。这里的有心人不是指聪明人，而是指能够下定决心、排除万难、努力奋斗的人。

世界上没有什么事是不能靠努力解决的，如果有，那就加倍努力。

每个人都想摆脱贫穷，走向成功。那么，一个身处贫困之中的人如何摆脱贫困，扭转命运呢？唯一可做的就是努力。即便一个人一贫如洗，只要他还能劳动，就不应该绝望，而是应该通过努力来改变命运。

爱德华·鲍克是美国著名编辑、政论家和慈善家。他 1863 年生于荷兰，6 岁跟父母移民美国。因为家庭贫困，鲍克每天都要帮家里去捡运煤车上掉下的碎煤，这样家里才有煤取暖、做饭。初入校园，他的编辑才华便开始崭露头角。他拒绝在作业本上用斯宾塞体写字，因为这种字体花哨但不实用，相反，他认为报纸常用的罗马字清晰易读，实用性更强。对字体等版面细节的敏感以及务实的本能，是其日后形成良好编辑风范的前提。

为了补贴家用，7 岁上学之后，鲍克在一家面包店求得了一份擦拭玻璃橱窗的工作，报酬是每周 50 美分，这是他人生中打的第一份工。后来，他又做起了向有轨电车乘客卖水和柠檬汁的生意。13 岁那年，鲍克中途辍学，到美国西联邦电报公司电工部做勤杂工。这一方面是由于他的家庭条件窘迫，另一方面是由于他觉得自己应该在社会这个大学校里进行自我教育。鲍克特地攒钱买了一套名人传记百科全书，是为了从中汲取奋斗的力量和成功的经验，另外他还给一些名人写信，并获得了美国第 18 任总统辛普森·格兰特、第 19 任总统拉瑟福德·伯查德·海斯、电影明星安德鲁·加菲尔德、美国陆军司令威廉·特库赛·谢尔曼、第 16 任总统亚伯拉罕·林肯的遗孀玛丽·林肯等许多名人的回信鼓励。而鲍克也通过这一过程锻炼了自己的写作能力，并由一名勤杂工被公司提拔为正式工作员工。

偶然间，鲍克发现一款香烟中附带的历史名人卡片上只有人物图像，没有人物传记介绍，于是联系厂商为其提供对这些名人的短小精悍的介绍，以提高销量。此举不仅让鲍克获得了一笔外财，最重要的是，他由此开始接触写作、编辑行业。

到了 16 岁，通过写信，鲍克这个普通工人，竟然与热爱文学的美国著名法学家奥利弗·温德尔·霍姆斯、美国最伟大的诗人亨利·沃兹沃斯·朗费罗建立了友谊，还认识了很多当时的著名作家。从此，他开始白天做西联邦电报公司的速记员，晚上则给《布鲁克林鹰报》做编辑，一个人打两份工。在报社缺乏资金的情况下，鲍克利用自己之前与名人们建立起来的联系向他们征求稿件，获得了无偿支持。

鲍克的编辑事业越做越好，创办了当时发行量第一的《妇女家庭》杂志，后来成为美国新闻史上最成功的杂志编辑。

谁能想象得到，一个只有小学文凭、工人出身的穷小子最后竟然成了著名的杂志编辑？一般情况下，这是无论如何都不可能的。但是爱德华·鲍克硬是凭借不间断的努力做到了。这就是努力对于一个人的意义。

这个世界上其实没有太多的天才，大多数人的智商水平都是差不多的。很多人能够成功，就是因为他们比其他人都更努力。自古就说“天道酬勤”，如果说世界上真有命运女神存在的话，那么，她选择垂青谁从来不取决于对方有多聪明，境况有多可怜，而是看对方有多努力。

2014年，一位名叫何荣锋的四川企业家为了报答当年一位大姐的“一饭之恩”，准备以百万巨款回报。这个知恩图报的典型事例红遍了网络。

这件事的由来是这样的。

1993年，17岁的何荣锋家中遭遇变故。他的父亲预收了十几户老乡的生猪，准备宰杀卖钱后结清生猪款。不料，卖猪肉赚到的1万多元都被窃贼偷走了。生猪款还不上，急红眼的乡亲们找上门来要债，发生冲突，何荣锋也被砍伤。何荣锋的父亲见势不妙躲债出逃，何荣锋的母亲怕儿子遭遇不测，给了点钱让儿子也外出躲避。何荣锋自己也一心要外出打工好快点赚钱帮父亲还债，于是与两个老乡踏上去浙江温岭投亲找工作的路。

然而，因为带的钱太少，三人到达杭州的时候就身无分文了，只好一路乞讨着，步行往温岭去。几天后，因为连续三天没要到吃的，加上之前伤口没有上药而化脓发炎，何荣锋发起了高烧。幸运的是，他们得到了当地农妇戴杏芬的救助。戴杏芬不仅让他们饱饱吃了两顿饭，帮何荣锋处理了伤口，还给他们每人塞了一些路费。

在好心人的帮助下，何荣锋三人到达了温岭，却没有找到工作。于是三人又辗转北上，流浪到了沈阳。当时在沈阳有很多四川人打工，但其中有些人干过小偷小摸的事，不讲诚信、欺诈老板和客户，导致当地人对四川人印象极差。何荣锋到沈阳才一个月，就被老乡骗了两次，一分钱没赚到。后来，他好不容易在一家家具厂找到一份月薪135元的车床小工工作，第二年又在一家家具厂找到刷油喷漆的工作，第三年就当上了师傅，月收入四五千元。这时，何荣锋开始思考维护四川人形象的问题。他与另外两名同伴商议过后，开始联手驱逐老乡中的骗子和小偷。做这样的事自然招人记恨，何荣锋也没少遭人报复。但他依然坚持做了下去，赢得了老乡的尊重和拥护，也赢得了当地老板们的信任。一些老板开始委托何荣锋帮忙招工，一些老乡也来让何荣锋帮忙找工作。何荣锋从此成了有号召力的包工头。不久，一个大老板对他十分看重，将家具厂的油漆活全都承包给他。

10年后，何荣锋从当年流落街头差点饿死的一个小乞丐，变成了拥有几家家具厂和一家油漆厂的老板，是沈阳家具行业有名的企业家。

一个差点饿死街头的小乞丐，用十余年的时间翻身成了富翁，靠的就是坚持和努力。反过来说，一个乞丐可以靠努力成为富翁，这世上还有什么是靠努力实现不了的呢？如果你发现自己努力了还是没有结果的话，你要知道，那只是因为你努力得还不够而已。世界上没有努力解决不了的事情。

勤奋至少让你没那么穷

财务自由是指你无须为生活开销而努力工作的状态，世界上实现财务自由的人毕竟只占很少一部分。你们身边应该就有不少“月光族”的例子。想必每一个感觉钱不够花的人都有迫切希望改变收入状况的愿望，但是却没有创业的本金，也缺少创业的魄力和头脑。想来想去，也只有专心工作这一条路了。

香港有句俗谚，叫作“早起三天一个工，早起三年没那么穷”。

每个人每天的时间都是一样的，你早两三个小时起来工作，三天下来就相当于比别人多干一天；你早起三年就相当于比别人多赚一年的钱。所以说，这句话实乃至理名言。

在东北农村，也有一句类似的俗谚：谁家的烟囱先冒烟儿，谁家的高粱先红尖儿。一日之计在于晨。农村种地干活儿，从吃完早饭开始。哪家人起得早，生火做饭也就早，下地干活儿也就早。田里劳作，从日出到日落每天就那么点时间，早起的人家，耕耘的时间自然比别人多，庄稼也就长得更好，自然会收获更多沉甸甸的红高粱了。

人类要想积攒财富，从两方面着手最容易做到：一个是勤奋，一个是节俭。勤奋就是开源，节俭就是节流。而这两者之中，开源是主干，节流是末枝。节俭只能在现有的财富中节约一小部分，但是勤奋却能给你带来更多的财富。勤奋的意义远远大于节俭。

在演艺界，有一个著名的“劳模”，就是大名鼎鼎的刘德华。

刘德华是演艺界有名的工作狂，被戏称为“劳模”。但是在刘德华自己看来，他是被逼无奈，不得不这样努力的。而逼迫他这样努力的，就是对终生成就的追求。

华仔认为自己并不是天赋异禀之人，相反，他觉得自己比较笨拙，别人花一半力气就可以达到的艺术要求，他花 100 分的力去做也只能做到 50 分的效果。刚入行时的华仔不是就这样勤奋的。他出生在一个有 6 个孩子的普通家庭，没读过什么书。1981 年，他偶然进了香港 TVB 艺人培训班，以优异成绩毕业，与无线电视台签约，得到很多跑龙套的机会，月薪 1800 元。对于能够挣钱回家，刘德华已经很满足，并没有其他追求。

有一天，华仔有机会在周润发主演的古装电视剧中出演配角。拍戏中途休息的时候，发哥突然把手一伸，跟华仔说：“让你看一下。”当时，华仔眼前闪过的是发哥手腕上的一块亮光闪闪的名表。华仔觉得发哥是在跟他炫耀，是在嘲讽他，心里很难过。没想到发哥紧接着说了一句让华仔大受触动的话：“记得，努力什么都有。”原来，发哥是激励华仔不要安于现状，要更加努力，追求更好的生活。当天晚上收工回家之后，华仔躺在床上几乎一夜没睡，脑海里反复响起发哥那句话。从此之后，华仔一改从前安于现状的态度，努力演戏，还在演戏的间隙躲起来偷偷练唱歌，练填词。

华仔的努力被周润发看在眼里。虽然他没有记住刘德华的名字，但对他的形象留有深刻的印象。因此，当影片《投奔怒海》的导演夏梦找到周润发而他本人又不想出演时，他对导演说：“有个人，我觉得挺合适。叫什么名字我不知道，是艺训班十期的。前不久还在我的《鳄鱼潭》中演过杀手，这小子长得帅，而且拍戏认真很拼。”巧的是，影片中的另一主要演员林子祥，听说剧组演员出现空缺时也主动说：“(周润发推荐的)这个人你们也没有见到，根本不靠谱，我给你们推荐一个绝对行。在我演的《我爱夜来香》中有个小青年，名字我不知道，外形绝对好，而且很上进，给他一个机会，一定会让咱们这部戏出彩的。”结果，夏梦导演仔细一调查，发现周润发和林子祥推荐的其实是同一个人——刘德华。通过努力、上进的表现得到认同的刘德华出演《投奔怒海》后，帮助影片创下 1500 万港元的票房收入，从此一炮而红。

后来，刘德华成了香港电影界的票房保证。但他并不满足，因为他心里还有一个歌手梦。当时，很多听过刘德华嗓音的乐评人、音乐制作人认为刘德华根本不适合唱歌。但刘德华并没有气馁。他开始拜师学艺，从练习发声开始一点一点学习唱歌，从五音不全开始，直到献声全球演唱会。有同行评价他说：“从一首歌都唱不对到懂得巧妙地唱歌，这绝对不是随便努力就可以做到的。”我们也无法想象，华仔中间到底付出了多少。

影视歌“三栖”，三花并蒂后，刘德华又开始创业自己拍戏，结果因为缺乏经验，亏损大约 4000 万港币。从 1995 年一直到 1999 年，刘德华更加拼命地工作，把所有拍戏的钱都用来还债。2000 年，刘德华从头再来，开了另外一家电影公司，这一次，他学会了如何当导演，学会了跟市场对话。

到 2017 年 6 月为止，刘德华从艺 36 年，参演电视剧 30 部、电影 144 部，发表专辑 88 张，开演唱会近 400 场，获得各类奖项 178 个，为自己赚下了巨额资产。和他同时代的明星，不是早已退出演艺圈，就是在跟随时代的道路上举步维艰，而他却依然活跃着，依然那么拼命，实在是艺人的典范，公认的劳模。

每天经常忙到睡不足 6 小时的刘德华，今年已经 56 岁，眼看就要步入花甲之年。然而他已经努力成了习惯，勤奋成了性格。他用勤奋和努力改变了自己的命运，使自己从贫穷中脱离出来，又一步步走向富足。他的天赋不是最高的，但成就却很高。他用自己的人生经历证明：勤真的可以补拙。

如果你还在每天把睡懒觉视为享受，把辛苦视为痛苦，那么趁早醒悟吧，“早起三天一个工，早起三年没那么穷”！只要努力，任何人都可以摆脱“我怎么这么穷”的状态。

记住：努力什么都有！

阅读笔记

越努力，越幸运

对于大多数人来说，幸运是什么？幸运就是埋在1000米之下的黄金，你每向下挖掘一米，就离黄金更近一米；幸运就像生长在天山悬崖峭壁、海拔1000米之上的雪莲，你每向上攀爬一步，就离雪莲更近一步；幸运就像1000张扑克牌中仅有的一张大王，你每抽出一张，抽中大王的概率就大一分。

如果你一米都不向下挖掘，一步都不向上攀登，一张都不肯抽取，那么，幸运与你的距离就会始终都那么远。

在有的人看来，每一个今天的成功者都是幸运儿。若你只看到他幸运的现在，却看不见他曾经的努力，你会觉得他们都是幸运的。但如果你愿意去倾听，他们会告诉你他们克服了多少恐惧，流过了多少眼泪，尝过了多少艰辛，洒下了多少汗水。

我们都知道黑熊这种动物。到了冬天，到处严寒彻骨、白雪皑皑，食物的获取会变得非常困难。于是，黑熊一到秋季就会努力地寻找食物，尽可能多地进食，将食物转化成厚厚的脂肪，然后在严寒到来之前找到一个洞穴冬眠，度过整个冬天。越是努力寻找食物的黑熊，越能在寒冬享受一份安逸。而那些没能找到足够食物的黑熊，则不得不顶着刺骨的寒风，在冰雪中寻找食物果腹。

人生就像秋季抓紧时间努力猎食的黑熊。你越是努力，就能越早享受胜利的果实。吃不得辛苦，怕流血怕流汗，你就只能在别人已经开始享受胜利果实的时候依然奔波忙碌无法停歇。

从生理学角度来讲，通过努力来达成目标，能够使人大脑内的多巴胺增多，拥有越高的多巴胺的人动机越高，动机越高的人在现实中处理问题就更得心应手，更容易成为成功者。

行为神经学家进行过一项小白鼠实验，挑选了脑内多巴胺含量高低不同的两只小白鼠，在它们前方放了一份容易取得的食物，又在一个小栅栏后放了一份比前一份大一倍的食物。然后，科学家让两只小白鼠自行觅食，结果发现：低多巴胺的老鼠几乎总是选择小份容易获得的食物；而高多巴胺的小鼠则会跳过小栅栏，去吃那份更大的食物。在低多巴胺的老鼠眼中，高多巴胺的老鼠无疑是个幸运儿，总能找到更大的食物，却忽略了高多巴胺老鼠多付出的努力。

根据在小鼠实验中的发现，科学家们又对勤奋努力和懒惰的两种人进行大脑绘制时发现，愿意努力工作的人，大脑中多巴胺含量水平更高，具有更强的欲望和愉悦感。也就是说成功人士身上的多巴胺要比普通人更高。这就是越努力越幸运的生理依据。也就是说，你越勤奋努力地去完成目标，你脑中的多巴胺含量越高；脑中的多巴胺含量越高，越驱使你去勤奋努力地实现愿望。这就是一个良性循环。而在我们生活中那些看来特别幸运的家伙，就是一步步合理制订目标并努力将其完成的人。而那些一开始就选择偷懒、偷奸耍滑的家伙，因为大脑的干预，他们会越来越难完成目标，然后他们就会找理由为自己开脱，将这一切归结于自己太倒霉了。这就是勤奋的人总惊呼“lucky”，而“懒鬼”总抱怨倒霉的原因所在。

在西班牙，有一个名叫马尼尔·托雷斯的人。在2000年的时候，托雷斯还只是一家摩托车生产厂的喷漆工。虽然这只是一份普通的工作，但托雷斯却干得很认真。

这天，托雷斯像往常一样正卖力地地给摩托车喷漆，正巧老板前来检查车间生产情况。见托雷斯干得认真，老板不由得夸奖了几句。托雷斯听到老板表扬自己，连忙转身道谢。结果却忘了关掉喷漆工具的喷嘴，油漆喷了老板一身。老板没有责怪他，安慰了托雷斯几句赶紧换衣服去了。但工厂里的同事们找到了笑点，从此总是拿这事笑话托雷斯是个蠢货。

不久，厂里举办庆典活动，请员工们带家属参加。托雷斯很重视这次活动，利用休息时间带着妻子去商场挑选了一件最满意的外套。结果，庆典那天，大家发现这件外套和一位车间女主任的外套“撞衫”了。没有什么比一个自恃地位高的女人发现自己与地位低到不起眼的女人“撞衫”更让她觉得尴尬的了。于是，女主任冷冷地对托雷斯说：“你不是会给衣服喷漆吗？干吗不给你太太喷一件独一无二的衣服呢？”同事们听了哈哈大笑，但托雷斯却一下子陷入了沉思：如果真的能用喷漆给衣服上色，一定会与众不同的吧。但是应该用什么样的面料和油漆呢？托雷斯沉浸在思考中，把同事的嘲笑都抛到了脑后。于是，托雷斯第二天就跑到工厂辞职，决心专心研究什么面料最适合用来喷漆。这项研究花费了托雷斯10年时间。

托雷斯开始认真查阅各类资料和书籍，拜访化学教授和时装设计师，希望能发明出一种速干、廉价的无纺布料，以便于在上面应用喷漆技术。他尝试着把棉纤维、塑胶聚合物和可溶解化学成分的溶剂组合在一起，终于发明出不需一针一线编织或缝合也能结合在一起的面料。又经过半年多的研究和实验，托雷斯从天然纤维到合成纤维，从基色到荧光色，研发出了花样繁多的面料。马尼尔为他的发明申请了专利，成立了"喷罐面料有限公司"和研究团队。他们研发成功的产品也在伦敦时装周上与公众见面，被时装界称为"时装界的一个奇迹"。

这确实是一个奇迹。如果不是当初托雷斯把油漆喷到了老板身上，如果不是车间主任"幽默"的嘲笑，他就不会从中获得灵感。但我们更应该看到的是：最初如果他没有努力工作就不会受到老板表扬以至于引发这一切；同样，若不是他用了 10 年时间来研究这个从别人的嘲笑中得到的灵感，他也就不会成为今天喷罐面料的研发人。

阅读笔记

....

....

....

....

Chapter 6

拼搏：为了诗和远方，必须奋力奔跑

当下的社会环境，太多人向往所谓的诗和远方。我却听过一个极为巧妙的说法，“旅行不是梦想，生活才是”。这句话着实把我震撼到了。努力工作攒点钱，出去旅游并不困难，难的是怎么过好柴米油盐的每一天。是每天闹钟响过几次，才磨磨蹭蹭地从床上爬起来，还是绝不拖延地睡醒，吃顿美美的早餐。是下班回家后就瘫在床上玩手机看电视剧，还是利用业余时间精进自己、发展兴趣爱好。对待生活的态度才是对我们最大的考验。其实我们想要的诗和远方，都是生活质量提升到某个层次后就能拥有的东西。把生活过成诗，你才能到达心中的远方。

春耕、夏耘、秋收、冬藏，四者不失时，故五谷不绝，而百姓有余食也。

——《荀子·王制》

不要在该奋斗的年纪，选择安逸

我有一位朋友小贝，是一个20岁的单身女孩。初来公司的时候，应聘的职位是总经理助理。但入职后，公司觉得她不具备做好总经理助理的能力，将她的岗位调整成了文员，月薪只有3000元。

小贝是农村家庭的女孩。虽然家庭收入不算高，但是小贝的父母比较宠爱孩子，这使小贝养成了不太能吃苦而且追求享受的性格。

进入公司后，为了让自己不用太早起，小贝在离公司较近的地方租了房子，房租几乎是月薪的一半。过了一段时间，她发现周围的同事几乎都有一些名牌饰品或包包，衣服也是价格不菲，而自己却衣着朴素，穿搭都不入流。于是，每月除了房租外，她把剩下的工资都花在了日常开销以及网购衣服化妆品上，导致攒不下什么钱，成了“月光族”。没等到年底，新的苹果产品出来了，小贝工资不够，就自己贷款，换了新款的苹果手机、平板和电脑。

这样一来，小贝的经济就陷入了危机，信用卡赤字居高不下，每到月初就要想方设法还钱。虽然贷款的额度并不是很高，但是一想到自己的月薪，还有其他必需的花销，她根本无法专心工作，更别说是工作上的自我提高了。

俗话说：坐着不如倒着，好吃不如饺子。谁都知道躺着舒服，谁都知道饺子好吃。可是如果现在天天躺着吃饺子，将来贫困潦倒的时候可怎么办呢？就像前边提到的小贝一样，她在薪资水平没达到的时候就去追求高等的物质享受，追求安逸的生活，结果就是背上了沉重的债务，为自己职场提升设置了重重障碍，使她更加难以达到消费水平相对应的薪资。

现在，在不少国家都存在一个“啃老族”群体。这些年轻人没有工作，没有收入，也不去寻找工作，全靠父母养活。太过注重亲情的文化给这些懦夫太多不必要的庇护。他们已经成年，本该自食其力，却还要让年老的双亲补贴自己。他们宁肯做一只不劳而获的“吸血鬼”，也不愿意去冒险、去经历风雨。“啃老族”不仅给家庭带来了巨大的负担，更是对社会的威胁。失去了斗志，一个人跟一条咸鱼根本没有区别。

其实，安逸这个词是不能属于年轻人的，即使那些功成名就退隐江湖的老年人，他们看上去每日喝茶下棋，其实也无时无刻不在保持着思考。而年轻人正值大好的青春，怎么可以虚度时光呢？人只要还有一丝激情，就要继续拼搏，否则只能一生碌碌无为。

2014年，有一个外号“大力哥”的人横空出世。他以面对记者采访时颇具喜感的回答暴红网络，获赠“大力哥”这个外号，并被称为“史上最搞笑劫匪”。

“大力哥”名叫赵金龙，出生在辽宁省沈阳市五营村的一个普通农民家庭。他的父亲早年在当地承包了一个砖厂。众所周知，在各地大修大拆大建的房地产经济时代，开砖厂是个赚钱生意。虽然比不上千万富翁、亿万富翁，但赵金龙在五营村当地也称得上是个“富二代”了。不幸的是，他年纪轻轻迷上了服用联邦止咳露，俗称“摇头水”，当地称作“大力”。这种用于止咳的药水因为具有刺激中枢兴奋作用，可以使人产生快感，并且具有成瘾性，长期大量服用可能会造成内脏和神经系统损伤，或引起身体其他恶性反应。

2007 年，赵金龙父母离异，父亲将法院判给自己的一半家产全部留给赵金龙，自己净身出户，后来再婚并离开了营盘地区。手里有了一大笔钱的赵金龙更加无所顾忌地挥霍，而服用“大力”是他的主要开支。一瓶“大力”在当地要花 35 元到 40 元，赵金龙每天最少喝 5 瓶。他只要出门必打车，哪怕是去几百米外的公厕上趟厕所，每天花钱少于 500 元都会浑身难受。他结交了很多酒肉朋友，带着他们吃喝玩乐。很快，赵金龙的钱被他挥霍一空，那些所谓的“朋友”也离开了他。没钱买“大力”喝，使他胸闷、气短、乏力、畏光、关节痛，十分难受。为了筹钱买“大力”，他最终在 2013 年铤而走险，企图持刀抢劫在 ATM 的存钱者，被当场制服并送进派出所，被法院判处有期徒刑两年，并处罚金 10000 元。

安逸是什么？对于年轻人来说，安逸其实就是“大力”，就是鸦片。赵金龙之所以沉溺于服用“大力”，根源就在于他追求安逸享乐。每一个处于奋斗年纪的人，今天所享受的安逸，实际上都是在透支将来年老时应该开始享受的生活。换句更直白的话来说，今天在享受安逸的年轻人，十之八九会在未来成为总是为钱发愁的中年人和老年人。只有在春夏之季辛勤劳作，秋高气爽时才能有沉甸甸的收获，而寒冷的冬天，也不会有什么担忧了。自然界和人世间的道理，都是这样。而且一个人一生中的安逸额度应该是有限的，提前消费，只能导致提前透支。

赵金龙还算是幸运的。2015 年出狱后，没有经济来源的他趁着没人跑到广场上捡烟头抽，被人认出来，拉着他做起了网络直播。虽然他并不觉得这适合他，但好歹他终于开始自食其力了。可惜的是，他终究是将人生中最值得珍惜的十几年时间挥霍掉了。

人的一生，也就这短暂的百八十年。小时候，你会觉得这日子过得太慢，想着快快长大。可到了20岁之后，你会觉得时间过得太快，什么都没来得及做，眨眼又是一年过去了。做事的时候总会想：玩一会儿吧，休息一个小时吧，工作反正一会儿再干也来得及……等猛然想到今天的工作还没做完的时候，天已经快黑了。其实，谁不知道躺着舒服呢？谁不想玩一玩放松一下呢？谁不想及早享受生活呢？但是，成功人士能够控制自身的惰性，能够控制自己对于安逸享受的渴望。他们能够忍受努力拼搏所必须经历的折磨，然后获得更高人一等的生活。

我们提到过科比·布莱恩特。毫无疑问，科比努力拼搏的态度，不论是喜欢他的人，还是讨厌他的人，都不能不佩服。

养成了勤奋努力习惯的科比几乎每天都是凌晨四点就开始训练。2012年，美国男篮集训队在拉斯维加斯集合备战伦敦奥运会的时候，美国著名体能训练师罗伯特·阿勒特就见证了科比的勤奋。在球员合练之前的凌晨3点半，科比打响了熟睡中的阿勒特的电话，希望阿勒特能帮他做一做体能训练。当阿勒特赶到训练馆时，发现了汗流浃背、训练服都湿透了的科比。阿勒特在帮助科比进行了两个小时的体能和力量训练后，打算和科比一起回酒店继续休息。但科比却一面表示感谢，一面说要再练会儿投篮。到了11点，阿勒特回到训练馆组织大家集训，发现科比还没有结束投篮训练。阿勒特惊讶地问："科比，你的投篮训练还没结束？"科比先是专注地将手中的球稳稳投进篮筐，然后才冲他一笑，说："现在刚好结束。"原来，科比为自己的每日训练制订的目标是"命中800个投篮"，而刚刚这个就是这一天的第800个。

科比·布莱恩特，“后乔丹时代”NBA顶级巨星之一，“96黄金一代”中成就最高的人。他以从高中时代开始一直延续到退役的勤奋努力，在NBA征战20年，从一个选秀第16顺位的“菜鸟”，成为早早预定奈·史密斯篮球名人纪念堂席位的人。

NBA著名教练“禅师”菲尔·杰克逊评价科比时这样说：“布莱恩特是我所执教过的球员。但我毫不避讳地说，没有一个人能比他更勤奋。他在身体状态控制上、在比赛准备上、在自律方面都是无人能比的，他为此默默承受了很多痛苦，没有一个人比得上他。”

回顾科比的篮球生涯，为什么他能在NBA赛场上取得巨大成就？为什么他能在NBA历史上留下自己浓墨重彩的一笔？原因就在于他拼搏到了最后，这个过程中他几乎从未停歇。他不是NBA历史上天赋最好的球员，但很可能是NBA历史上最勤奋的球员。现在，是他开始享受自己成果的时候了。

科比用他的篮球生涯告诉我们所有人：该努力的时候一定要全力以赴，把事情做到最好，不给自己的人生留下遗憾。

阅读笔记

....

....

....

....

生活中即使无处可逃，也要跟自己“死磕”

人生就像一场战斗。谁都可以在你的人生里撤退，唯独你自己绝不可以当自己的逃兵。因为，你若挺立，你的人生就是高尚的；你若屈服，你的人生就是卑微的。自己的人生只有自己才能负责，别人帮不了太多。

2017年的高考季，我听说了残疾考生魏祥的故事。魏祥来自甘肃定西，因为患有先天性脊柱裂并椎管内囊肿疾病，从小就无法站立行走。2017年，他以648分的高分考入清华大学，因担心进入校园后不能正常生活而写信求援，获得了清华大学的积极帮助。

在信里，魏祥同学写道：

“爸爸妈妈在我半岁、两岁时先后奔赴定西市医院、西安西京医院，寻求专家为我手术治疗疾病，但两次手术病情均未见好转，身体残疾情况没有得到改善，更不幸的是下岗多年的爸爸又身患不治之症，医治无效于2005年去世，留下年幼无知、身体残疾的我和年轻无助的妈妈。

“坚强伟大的妈妈在悲痛欲绝的日子里，不但没有放弃过对我细致入微的照顾，反而更加疼爱我，竭尽全力为我付出。12 年如一日，妈妈的背影穿梭于小学中学到高中的大街小巷、校门、教室，好像她从来不知疲倦；12 年的妈妈不仅仅是一名医院上班的护士，更是一位残疾少年求学路上的陪读者、守护神；12 年的妈妈身教残儿志不残，历尽沧桑终不悔；12 年的我竭尽全力，克服身体残障，刻苦求学。”

应该说，魏祥作为一名双下肢完全丧失运动能力的残障人士，能考入清华大学，敬佩二字已经完全不能概括人们对他的看法了。社会对这一事件给予了积极评价，很多网友也被魏祥感动得热泪盈眶。

北京 2017 年高考文科状元熊轩昂接受采访时说：“高考是阶层性的考试，农村地区越来越难考出来，我是中产家庭孩子，生在北京，在北京这种大城市能享受到的教育资源，决定了我在学习时能走很多捷径。现在很多状元都是家里厉害，又有能力的人，所以有知识不一定改变命运，但是没有知识一定改变不了命运。”很多人听了这样的话，觉得自己出身平凡，大概是没有什么考取名校的可能性了。但是魏祥的事例却告诉我们：一个人再普通，能比魏祥的情况差吗？的确，一个人出生的家庭、地区乃至国家，都对他的未来有着巨大的影响，但是他的命运终究还是握在自己手里。人生的重点不在于拿到一副好牌，而是打好一副“烂牌”。

我们知道，美国物理学家霍金从 21 岁开始渐冻症发作，27 岁时已经无法行动、坐上轮椅。但他根本不要人推，而是使用了电动轮椅，没事就在马路上飙车，还曾经因此有几次翻车的经历。但他仍然乐此不疲。

还有我们曾经提到过的长着“小鸡腿”的尼克·武伊契奇，也很早就开始了尽可能独立的生活。

有些人总是在走投无路时还不肯面对现实，仍然心存侥幸，舍不得为难自己。

人最难打败的是自己，如果已经没有退路了却还没有突破自己的勇气，那么，成功可能就是个奢望。

社会就是钢铁的丛林，优胜劣汰的规则尽管被包装得看起来不那么冷酷，实际上却并不比自然界的规则更温柔。很多大学生的生活过得极其安逸，看电视剧、打游戏、谈恋爱、逛街……脱离了父母老师的管教，见识到了更大的世界，还有比工资更准时到账的生活费。其实，直到离开校园步入社会之前为止，你都可以装作自己是一只还没长大的小狮子，心安理得地享受母亲的哺育。而一旦离开校园，你就成了一只被赶出狮群，独自闯荡的成年狮子。在你没有为自己拼搏出一片天地之前，没有人会将肥美的羊肉送到你嘴边。所以，至少从步入社会的第一天起，我们中的绝大多数人实际上就没有什么退路了，只能奋力向前。

在1946年美国纽约市的贫民区，有一个名叫西尔维斯特的男婴在当地的慈善医院出生了。然而，由于助产护士误用产钳，造成这个男婴左脸颊部分肌肉瘫痪，左眼睑与左边嘴唇下垂，并且口齿不清。西尔维斯特在贫民区长大，因为对电影的热爱，立志要做一名电影演员。为了实现梦想，他还到迈阿密大学学习戏剧，并且给自己创作了一个剧本。但是他因为出生时的医疗事故落下的毛病影响面容和交际，而且他173厘米的身高，在美国男演员中已经算很矮了。因此，没有哪家电影公司愿意用他。西尔维斯特没有气馁，他一边打着各种收入微薄的零工，一边努力寻找机会。

当时，在美国好莱坞，大大小小的电影公司有500家。西尔维斯特根据自己仔细划定的路线与排列好的名单顺序，带着剧本一家一家地敲门拜访。第一次，他跑遍了所有电影公司，没有一家愿意使用他的剧本，也没有一家愿意请他做演员。

得到这样令人失望的结果后，西尔维斯特认真地对自己这次毛遂自荐进行了总结，反思自己哪里做得不够好，哪里还能做得更完美。认真地总结反思之后，他又从第一家开始了他的第二次拜访之旅。然而，令人沮丧的是，第二轮拜访的结局与第一轮并无不同。西尔维斯特没有抱怨什么，只是特别疑惑，但他仍是认真总结，努力改进，并开始了第三次拜访之旅。令人绝望的是，第三轮拜访的结果依然与前两轮一样。西尔维斯特还是没有气馁，而是继续改进自身的不足，开启了第四轮拜访之旅。这一次，当他走进第350家电影公司的办公室时，老板让他把剧本留下给他们研究一下。几天后，这家电影公司通知西尔维斯特：他们愿意投资拍摄他的剧本，并邀请他做这部影片的男主角。

很快，由西尔维斯特创作并主演的电影《洛基》于1976年在美国上映，以110万美元的制作成本斩获2.25亿美元票房，并先后获得奥斯卡金像奖最佳影片奖、美国金球奖最佳剧情类影片奖。西尔维斯特从此一举成名，与施瓦辛格并称好莱坞两大硬汉。西尔维斯特的全名是——西尔维斯特·史泰龙。

轻微面瘫引起的眼角下垂、表情木讷以及发音含糊不清，给史泰龙带来过史上最多“金酸莓”提名及否定，但没有人会不承认他是20世纪世界影坛中广受欢迎的男影星之一。

无路可退让我们真的很绝望，但我们还可以背水一战，绝地逢生。这时，不要退缩，不要投降，拼命地跟自己死磕，告诉自己“我可以”，哪怕最终没有完全得到想要的结果，也比最坏的结果要好得多。因为若是放弃了，那就什么都得不到。

从一无所有到一无所缺

如今人们总是说“寒门难出贵子”，但仔细想一想，“贵子”最初都是出自“寒门”。京东首席执行官刘强东，父母都是船夫；新东方创始人俞敏洪，父母都是农民；著名演员赵本山，成名之前就是个几乎是孤儿出身的二人转演员；歌红人红的薛之谦，幼年丧母，父亲也不是什么有钱人……

自有阶级社会以来，有利资源始终被更多地掌握在权贵手中，但从未真正阻挡住寒门人才的脱颖而出。比如说，舜本来是个庄稼汉，傅说原本是个泥瓦匠，胶鬲脱颖于海鲜市场，百里奚原本是个奴隶。位阶制度森严的古代，卑微阶层照样能诞生这么多人才。真正有本事的人没时间去抱怨什么寒门豪门。即便他是一个一无所有的乞丐，最终照样能成为一无所缺的豪门开创者。

只要自己努力，穷如乞丐也能最终翻身；不知上进，富有金山也难免贫困潦倒。所以，一无所有并不可怕，可怕的是精神上的贫穷。

我们不止一次地举出了从一无所有到亿万富翁的成功案例。其实，在这个世界上，古今中外，这样的例子举不胜举。随便找一个名人出来，十个里有七八个都是出身于困顿之中。营销界的世界级营销大师乔·吉拉德就是其中一个。

1928年11月1日，乔·吉拉德在美国底特律的一个贫民家庭降生了。他的父亲老吉拉德脾气暴躁，从小就喜欢无情地打击儿子。同时，因为老吉拉德是来自意大利西西里的移民，而那里是世界有名的意大利黑手党发源地，因此吉拉德从小就受尽邻居和小伙伴的歧视。这些导致他从8岁起就因为长期精神紧张、心理压力太大而患有严重口吃。

因为家里生活贫困，吉拉德9岁时就开始做小工，给人擦鞋、送报纸，赚点儿小钱补贴家用。到了16岁，因为打架被退学，吉拉德不得不正式踏入社会，找工作赚钱。他做过锅炉工，在那里患上了严重的气喘病。后来成为一名建筑师，盖了13年房子。16岁到25岁之间，他换过近40份工作，还曾经因为做小偷而被捕，也曾因开赌场而被警方查封。

25岁时，吉拉德在建筑商阿比·萨巴斯丁手下找到一份工作，这份工作对于吉拉德的人生来说，是一个很好的机会。萨巴斯丁教吉拉德盖房子、做生意，还在退休后把生意全交给了他。本来一切都在向着美好的方向发展，不料，35岁的吉拉德被骗买下了一块没有下水设施的土地，盖了一堆卖不出去的房子。结果，吉拉德破产了，还负债6万美元。当时的美国人平均年收入才2200多美元，吉拉德欠下的债务是近30个人一年的收入总和。1963年冬天，银行毫不留情地没收了吉拉德的房子，把他们一家四口赶了出去，还没收了他和妻子的车。吉拉德的妻子牵着两个孩子的手难过地问吉拉德："我们没钱了，也没吃的了。我们该怎么办？"

从一无所有到春风得意再到一无所有，这真是足以击垮一个人的灾难。但吉拉德为了生存，为了让妻子和孩子填饱肚子，没有把时间浪费在沮丧和怨恨上。他把家重新安顿好后，第二天一早就踏着厚厚的积雪去找工作。他鬼使神差般地走进了一家汽车经销店，恳求老板给他一份工作。老板起初不肯在这个汽车销售淡季雇用从未做过汽车销售的吉拉德，但架不住吉拉德一再恳求和保证，于是同意给他一个机会让他试试看。

为了立刻证明自己，吉拉德一面留意进店的客人，一面给自己以前的客户打电话，问他们要不要买汽车。这一天他一直工作到晚上近 9 点钟。其间，一位打算买辆车的可口可乐业务员成了吉拉德一生中的第一位购车客户。在用了一个半小时进行反复地劝说和恳求下，这位先生接受了吉拉德的推销，买了一辆车。

证明了自己的吉拉德马上恳求老板预支薪水。老板被第一天上班就能开单的吉拉德震撼到了，很爽快地同意了他的请求。吉拉德赶紧用这笔钱到超市买了食物回家，让全家人饱餐一顿，暂时度过危机。他在餐桌上向妻子发誓，从今以后不会再让她像昨天那样为温饱发愁。

为了兑现自己的承诺，吉拉德真的是拼了。在从事汽车销售的第二个月，他就实现了最多一天卖出 18 辆车的惊人业绩。促使他做到这一切的，就是因为一无所有差点饿死街头的经历。吉拉德无论如何也不能允许这种事再次发生。

在面对困境时，尤其是一无所有的局面，很多人会绝望，会沮丧，会等待死亡甚至主动结束这悲惨的一生，很少有人能鼓起勇气去对抗命运，去拼搏，去争取机遇，去用努力改变自己的境地。能够做到这些的人都会成为成功的人。而乔·吉拉德正是这样的人。

吉拉德深知：想要成功，就只能一步一步地往上爬，敢于拼搏，不被命运打败才能最终取得自己想要的成就，哪怕开始一无所有，最终也会让自己一无所缺。

在著名的“汽车城”底特律，有39家大型的汽车经销店，每家有30人左右的销售团队。所以，吉拉德仅仅是当时全底特律汽车销售人员的千分之一，要想在有着众多选择的客户手中抢到单子，殊为不易。但吉拉德很有耐心，足够坚持，从不放弃任何一个机会。在他的电话推销中，曾有不想买车的客户用半年后再考虑买车的理由打发他。让客户没想到的是，半年后，吉拉德会准时打电话过来询问。还有的客户会说几年后才需要买车，但不管等多久，吉拉德都会记得打电话追踪。他会建立客户档案，记录下每个潜在客户的职业、嗜好、买车需求等生活细节，以便于有针对性地推销；他每个月都以不同的名义向曾经通过他买车的客户发送贺卡，让他们感受到自己的关怀并不在交易完成后结束；他利用一切机会发送他的名片，加深大家对他的印象；他认真磨炼推销技巧，仔细观察顾客以判断顾客的喜恶，诚实介绍产品以获得顾客的信赖，热情恭维顾客以讨顾客的欢心……他入行第三年卖出343辆车，第四年就卖出614辆车，从此业绩一路长红，连续12年成为美国通用汽车零售销售员第一名。

就这样，乔·吉拉德用努力来弥补口吃的缺陷，用努力增加经验，最终成为全世界迄今为止最成功的汽车推销员。到1978年退休为止，乔·吉拉德保持了5项至今尚没有被同行打破的纪录：连续12年平均每天销售6辆车；最多一天销售18辆车；一个月最多销售174辆车；一年最多销售1420辆车；在15年的销售生涯中总共销售了13001辆车。因为表现太过出色，他被选入“汽车名人堂”。名字能够列入“汽车名人堂”的，都是汽车业界的先驱与灵魂人物，包括福特汽车创办人亨利·福特、本田汽车创办人本田宗一郎、法拉利创办人恩佐·法拉利等人。而乔·吉拉德是至今为止“汽车名人堂”中唯一的汽车销售员。

退休后的吉拉德开始从事出书、演讲等成功学教育训练工作。他现在住在底特律高级住宅区，就在福特公司继承人亨利·福特二世的旁边不远。他再也不是那个贫民区的吉拉德，也不再是盖房子的吉拉德，而是被所有销售人员膜拜的吉拉德。

我想，如果你有一天处于一无所有的境地，感到非常绝望的时候，你应该想想乔·吉拉德，想一想他是怎样从一无所有到一无所缺的。乔·吉拉德并没有超凡的智商，也没有出众的口才，他只是去拼命地努力，敢于拼搏，做自己所能做到的一切。他所做过的各种努力，没有一项是我们做不到的。但是你没有像他那样成功，不是因为你不能，而是因为你不愿努力，不敢拼搏。

阅读笔记

出息点，别向这个世界妥协

这个世界上从来就没有什么救世主，有的人难免屡屡遭受挫折、打击。但对于心志刚毅的人来说：无所谓，即便被打倒 100 次，他还是要第 100 次站起来，被打倒 10000 次，他还是要第 10000 次站起来，绝不妥协！

曾子曰：士不可以不弘毅，任重而道远。一个君子，不能没有宏大的志向和坚毅的品质。没有人一来到这个世界就打算碌碌无为地过一生。我们都梦想着在这个世界上留下自己来过的痕迹，梦想着能有精彩而无悔的人生。但可惜的是，太多的人在朝着理想前进的路上掉队了。仅仅因为一些并非不能克服的挫折，他们选择了低头妥协，不敢争取。他们说：命里有时终须有，命里无时莫强求。都没有努力拼搏过，怎么知道自己命里没有呢？

馆野泉是著名的日本古典音乐钢琴家。他 1936 年出生于东京的一个音乐家庭。受职业演奏家父母的熏陶，馆野泉也走上了音乐的道路，举办过 3000 场演奏会，灌录过近 100 张唱片。

2002 年 1 月的一个晚上，65 岁的馆野泉正在庆祝他演奏生涯 40 周年钢琴演奏会上演奏最后一支曲子——挪威作曲家爱德华·格里格的作品。突然，他感到右手不由自主地颤抖起来，意识也有些模糊。馆野泉坚持弹完最后一个音符，然后就倒在地上，陷入昏迷。随后，他被紧急送往医院，被医生诊断出是突发性脑溢血。虽然经过医生的努力，馆野泉被抢救了过来，摆脱了死神的威胁，但他的右半身从此瘫痪了。

众所周知，钢琴演奏需要两只手的协调配合，只剩左手可用，还怎么弹钢琴呢？一开始，馆野泉以为做一段时间的康复训练就能够使右手恢复正常了，因此并没有在意。没想到的是，出院一年后，他的右手仍然无法动弹，更不用说弹奏钢琴。

因为那一瞬间的突发状况，馆野泉失去了积攒 60 多年的音乐演奏能力。他为此非常痛苦。这时，有人宽慰他说："能抢救过来已经是很庆幸的事了，既然右手动不了，那就认命吧。反正你也一把年纪了，也该享受晚年了。"但是馆野泉不想就这么结束自己的演奏生涯。他说："我不想认命，也不知道怎么认命。我想跟前 50 年一样弹钢琴，与别人分享我的音乐。"

但是，关于右手的康复训练始终没有进展，馆野泉不禁有些焦躁、苦闷。这时，他的芬兰妻子玛利亚看出了丈夫的情绪变化，着急之下突然想出个办法，对馆野泉建议说："既然右手康复实在是没有进展，你要不要试试只用左手演奏？"

一开始，馆野泉对于只用左手弹奏钢琴是抗拒的。他觉得钢琴一定要用双手弹奏才行，用单手简直是对钢琴的亵渎。直到有一天，馆野泉发现了儿子悄悄给他准备的一本乐谱。那是英国作曲家弗兰克·布里奇为一位在一战中失去右手的朋友谱写的用左手弹奏的乐谱——《左手即兴小品三首》。一方面是感动于儿子的有心，另一方面是觉得弗兰克·布里奇为朋友专门创作的左手钢琴谱包含有一种神圣的情感，馆野泉开始尝试弹奏这三支曲子。他很快就沉浸在音乐的气氛和重新弹奏的愉悦中，根本忘了自己是在用左手弹奏。馆野泉认识到：音乐就是音乐，不管用一只手，还是两只手演奏，音乐是一种情感传达，表演方式只是一种形式。他决定开始练习左手演奏钢琴，重新走上舞台。

当时，单手演奏乐谱大多都是为在战争中失去一条手臂的人创作的。这种乐谱最大的问题在于乐谱很短，不适合在音乐厅演奏。于是馆野泉邀请几个作曲家朋友帮他创作专门用左手弹奏的适合音乐厅演奏的乐谱。当然，右手的康复训练他也并未放弃。

2003 年，馆野泉出现在日本，举办了一系列小型音乐会，用左手为听众演奏钢琴曲。听众都为他左手娴熟的演奏技巧和乐曲中所包含的情感所感动，更敬佩他不屈服于意外打击重新振作起来的意志力。一些同样因病导致半身不遂的老人甚至在听过音乐会后受到鼓舞，专门去报名培训班，积极进行康复训练。

2006 年，在一场演出中，馆野泉突然感觉自己右手状态好像不错，情不自禁地用右手弹奏了一段简单旋律，居然成功了！在他的坚持下，他的右手终于也开始回应他的努力。馆野泉后来在一场音乐会上说：“我用右手弹奏时，有一种春天树叶发芽的感觉。”

我们所生活的这个世界，从来就不是为我们某个人创造的。所以，任何人在这个世界里遇到任何事，都不稀奇。但我们不能被这些艰难困苦所击败。周文王被囚禁，在生命堪忧的时候推演出了《周易》；孙膑被害成残疾不得不装疯卖傻，最终不仅成功翻身成为人上人，还报了仇；贝多芬在双耳失聪、健康情况恶化、精神上受到折磨的情况下，仍然以对生活的爱和对艺术的执着追求完成了《第九交响曲》。不论这个世界怎么苛待你，打击你，如果你不想卑微、屈辱地活着，就不要向它妥协。要敢于去抗争，敢于去博取，永远不要被“只能这样了”“没办法了”之类的消极思想控制大脑，永远不要放弃拼搏。

你只需要记住：除了不停歇地拼搏，你现在一无所有。一旦妥协，就永远别想抬头。如果不想成为这个世界上一条除了吠叫之外什么都做不了的“丧家之犬”，那就请别再吝啬你的汗水。

阅读笔记

过程可能很糗，结果可能很美

任何人挣扎着前进的时候，看上去并不是很美。有时候，我们就像被关在屋里的蜜蜂一样，在玻璃窗的里面盲目地四处乱撞，却找不到一个飞出去的方向。

生活中，有些人非常在乎“自身形象”，他们不愿意像个傻子一样，累得一身臭汗却看不到希望；他们宁愿躲在家里，也不想让别人看见自己找了一份不怎么样的工作。网易有一个原创情感文化栏目叫“槽值”。这个栏目有次就在文章里举了个《打工仔买房记》男主角武诚治的例子。

男主角武诚治在上司那里受尽刁难。上司派他去买便当，做杂务，武诚治受不了领导的刁难选择了辞职，变成了一个“家里蹲”。武城治在家过着衣来伸手饭来张口的生活，父亲多次要他交生活费，他也拿不出钱，赌气地躲在房间里不出来。他认为，自己每天跑腿这么辛苦，已经足够努力了，之所以没有获得成功，是因为没有人挖掘自己。

其实，与其说这些人在意的是形象，不如说在意的是别人的评价。因为他们不愿意让别人看见，昔日意气风发的自己，因为疲于奔命而显露出的狼狈。对此，网易槽值评价说：“试图掩盖自己的愚蠢和懒惰，比愚蠢和懒惰本身更糟。”事实正是这样，日子本是过给自己的，不是用来给别人观赏的，有什么好介意的呢？别人评价你，大多只是出于一种八卦、看热闹的心理，他们随意闲聊几句也就抛之脑后，忙自己的事情去了。世界上真正在意你的人，更不会因此嘲笑你。况且，有多少人的努力过程是那么有型有款的呢？只要最后成功了，他以前的狼狈反而会成为人们赞赏的地方，也激励着他人朝着自己的目标前进。

莱昂纳多 16 岁出演电视剧《成长的烦恼》，19 岁凭借在电影《不一样的天空》中的出色表现获得了第 66 届奥斯卡金像奖最佳男配角奖提名，却输给了“老戏骨”汤米·李·琼斯，琼斯的那部电影是《亡命天涯》。从此，莱昂纳多踏上了一条追求“小金人儿”的不归路。

2005 年，莱昂纳多在影片《飞行者》中扮演 20 世纪商业天才霍华德·休斯，对角色拿捏得十分到位，获得第 77 届奥斯卡最佳男主角提名，却最终输给了《灵魂歌王》的主演杰米·福克斯。

2007 年，莱昂纳多凭借在电影《血钻》中的精彩表现，获得第 79 届奥斯卡最佳男演员提名，但奖项最终颁给了《末代独裁》的主演弗雷斯特·惠特克。莱昂纳多再次铩羽而归。

2014 年，莱昂纳多凭借在《华尔街之狼》中的出色表现获得了第 86 届奥斯卡最佳男主角提名，但仍未拔得头筹。

这期间，莱昂纳多主演了红遍全世界的《泰坦尼克号》、备受好评的《盗梦空间》、获得大量肯定的《了不起的盖茨比》等经典电影，然而却无一获得奥斯卡奖。

所有与莱昂纳多搭过戏的导演、男女主角、男女配角中，有多人获得了奥斯卡最佳导演奖、最佳男主角奖、最佳女主角奖、最佳男配角奖以及最佳女配角奖。莱昂纳多仿佛成了奥斯卡获奖必须合作的对象。

为了获得世界最权威电影奖项之一的奥斯卡奖的肯定，莱昂纳多拼劲了全力，甚至不惜出演反面角色，自毁金童形象。甚至为了避免再度被偶像化，他还拒绝了好莱坞大片《蜘蛛侠》摄制组的邀约。

时间到了2015年，人们突然惊讶地发现，当年《泰坦尼克号》中的英俊小生莱昂纳多竟长出了大肚腩，整个人胖了许多，而且胡子拉碴，不修边幅。于是，中国网民们开玩笑地发出了“岁月是把杀猪刀”的感叹。殊不知，莱昂纳多把自己搞成这副中年大叔的模样，并不是因为颓废，而是新影片《荒野猎人》中男主角形象设定的需要。在《荒野猎人》这部电影中，莱昂纳多把自己虐到了前所未有的高度，与野兽斗，与恶人斗，与大自然斗，在冰冷刺骨的河水中翻滚，躲进马腹取暖，简直让人怀疑莱昂纳多因为长期得不到奥斯卡金像奖而出现了精神异常。网民们甚至PS了莱昂纳多在各个电影中的剧照，拿莱昂纳多欲求奥斯卡金像奖而不可得的事开涮。

但皇天终究不负有心人。2016年，凭借《荒野猎人》中优秀的职业表现，加之对莱昂纳多连续多次完全符合标准而未得的考虑，莱昂纳多最终被授予第88届奥斯卡最佳男主角奖，如愿以偿地捧起了“小金人儿”。

莱昂纳多在争取奥斯卡“小金人儿”的道路上，历经波折坎坷之多，历时之长，都让观众开始为他抱打不平。以至于第88届奥斯卡颁奖典礼结束后，网民们纷纷激动地说：“莱昂纳多都获得奥斯卡最佳男主角奖了，我们还有什么事情是做不到的呢？”

在网民们的恶搞下，莱昂纳多为了拿奖而在表演中所付出辛苦、所做出的牺牲，以一个非常令人尴尬的速度向世界各个角落传播。但是没关系，因为他的坚持，他最终获得了一个电影演员可以拿来骄傲一辈子的荣誉。网友们的行为虽然有恶搞的成分在，但他们的心中也是非常敬佩莱昂纳多的。他之前所遭的各种罪，已经被理所当然地视为通向成功的必由之路，而不再被视为糗事。这就叫“结果好就是一切都好”。

阅读笔记

Chapter

行动：
成功需要执行力，
惰性比不幸更可怕

“执行力”这个词，非常有力量感。以至于太多人眼里的执行力，都必须是雷厉风行、雄赳赳气昂昂的那种，一想到这里，他们就退缩了。实际上，这并不是执行力的本质，“行动”二字也没有这么可怕。它只需要你每次做好一件小事，每天都有收获，今天像昨天一样，明天像今天一样，日积月累，就这样一步步到达了彼岸。只要不曾停下，只要没有后退，慢一点又何妨。

凡是新的事情在起头总是这样一来的，起初热心的人很多，而不久就冷淡下去，撒手不做了，因为他已经明白，不经过一番苦功是做不成的，而只有想做的人，才忍得过这番痛苦。

——俄国作家　陀思妥耶夫斯基

发一千次毒誓，不如做好一件小事

在春光明媚的一天，山崖的石头缝里住进了一只寒号鸟。它每天在森林里悠闲地寻找食物，吃饱喝足之后就到处嬉戏，玩累了就回到石头缝里睡觉。

转眼间春去秋来，冬天眼看就要到了。在森林里过冬的鸟雀都忙着在寒冬到来前把自己的窝修葺一番。寒号鸟看着鸟雀们忙忙碌碌，不以为意，照旧吃喝玩乐。

很快，随着第一朵雪花的飘落，冬天来了。一到晚上，北风呼啸，冰天雪地。别的鸟雀躲在修葺好的窝里暖暖和和地睡大觉，寒号鸟却在冰冷的石头缝里冻得瑟瑟发抖。它不禁后悔自己没有及早筑巢，于是一遍一遍地发誓："哆啰啰，哆啰啰，寒风快要冻死我，明天一定要搭窝！"

第二天，风消云散，太阳照亮了山崖，寒号鸟藏身的石头缝里渐渐有了暖意。寒号鸟感觉舒服极了，伸了伸懒腰："哎呀，昨晚冻得我一宿都没能睡着，现在这么暖和，我得赶紧补一觉才行！等我睡醒再筑巢也不晚。"

寒号鸟呼呼大睡了一天，等它醒来的时候，太阳已经落山了。寒号鸟这才想起还没有搭窝，但是天色越来越暗，今天已来不及。到了晚上，寒风又起，从四面八方往它住的石头缝里钻。寒号鸟后悔不已，一边打着哆嗦一边反复哼哼：“哆啰啰，哆啰啰，寒风快要冻死我，明天一定要搭窝！”

然而，第三天早晨，盼了一晚上天晴的寒号鸟却再次在温暖阳光的照耀下睡起了大觉。

初冬一天冷过一天，这天夜里，寒号鸟已经冻得快僵硬了。又一个黎明到来，阳光照耀在寒号鸟的身上，寒号鸟却一动不动。原来它已经在前一天深夜被冻死了。

乍一看这个故事，几乎每个人都会嘲笑着说，世界上怎么会有这么傻的鸟！但是想想自己，我们很多人平日里不也这样吗，总是发着各种各样的誓言，然后就眼睁睁地看着那些誓言随风飘散。晚上睡觉前计划的是一套，清晨醒来，又回到了一成不变的生活。

学生时代，每次成绩出来以后，总是有人考得很差，心情沮丧，悔恨自己没有好好学习，于是就开始给制订学习计划，发誓自己要每天 5 点钟就起床背英语单词，发誓自己放学后复习做题到晚上 10 点，发誓自己上课要认真听讲，发誓自己下次一定要进步 10 个名次……然而，一个星期过去了，这些同学还是要赖床到再不起床就要迟到的时候才起床，上课走神，胡思乱想，放学后心思早就飞到了游戏里。等到下次考试成绩公布后，这些同学继续郁闷、悔恨，再次订立学习计划发誓自己要如何如何……如此循环往复。其实，这样的誓言毫无意义。

我们的生活中就是有这样的人，对领导、对朋友、对父母、对爱人甚至自己，总是经常态度坚决地表示要实现某个目标，说的时候言之凿凿，但只是心血来潮说说而已，光说不练，只说不做。

可惜的是，我们总是幻想得到宽敞House、幸福Family、巨额Money等，这一切都不是靠发誓就能得到的。有人离开家乡出去打拼的时候，心里暗暗发誓："混不好我就不回来了！"然而那又怎么样呢？他到了大城市，每天做着美梦然后毫无行动，他把所有的钱都浪费在了物质享受上，自己得不到提升，也无法兑现那个活出一番名堂的诺言。

我们身边有不少吸烟的人，比如我的这位朋友。常年吸烟对他的健康造成了严重的侵害，医生已经建议他停止了。他自己也知道吸烟对人没有一点好处，于是经常对我说："我要把烟戒掉，过几天就开始戒。"一开始，我们大家还都把他的话当真。然而几年过去了，每当别人说他吸烟的时候，这位朋友却还是在说过一阵就正式戒烟。现在，每次他再说"过几天就戒烟"的话，我们的反应都是一致的："切！谁信啊！"

实现不了的誓言，说得再响亮也毫无意义。你发誓说你将来想考上清华北大，不如从现在起拿起你最不擅长的科目的卷子；你发誓说你将来要在市中心买一套宽敞明亮的大房子，不如从现在起每月攒下1000块钱；你发誓说你想当老板创业，不如每天早起半个小时。人生当然是有规划比较好，但如果空有规划而没有行动，这样的规划不要也罢。有那个吹牛扯闲篇的时间，还不如先把手头的工作干好。

古人云，一屋不扫何以扫天下，说的就是那些平时高喊着要经世济民、治国安邦但是连自己的家都管不好的空谈之士。我的母亲也曾教给我一句话：小人常立志，君子立长志。这里的小人和君子指的不是品格，而是表达了旁观者的一种情感。有一种人，天天喊口号、吹牛，天天发誓立志，但是没有一项实现的，大家都很厌恶；另有一种人，立下一个志向，就为了这个目标去发奋努力，直到完

成为止，大家对这种人非常钦佩，并且希望自己能做到他那样

夜夜哀嚎“哆罗罗，哆罗罗，寒风冻死我，明天就搭窝”，但一到白天就蒙头大睡的寒号鸟冻死在了寒夜中，冬天到来之前努力找寻材料修缮鸟巢的喜鹊，则安然无恙地存活了下来。越努力的人越幸运，越懒惰的人越倒霉。没人愿意做寒号鸟，那么，你为什么还不赶紧努力“筑巢”？

阅读笔记

你的拖延症，只是“懒”的借口

现在社会上新添了一种难以治愈的疾病，叫作“懒癌”。所谓懒癌，就是被懒侵害，贪图安逸享乐，不能吃苦流汗。

“懒癌”也跟普通癌症一样有早中晚三期。“懒癌早期”的表现是对不想做的事情不做，对不想面对的事情逃避，对于必须做的事情总是懒得做，今天推明天，明天推后天，一天拖一天。“懒癌中期”的表现是以看透了人生、世情为借口，主观上认为自己的人生也就这样了，懒得去改变。明明只要努力一下就能让现状变好一点点，可是他们懒得动弹哪怕一下。“懒癌晚期”的表现是破罐子破摔，能不动就不动，混吃等死，为了少上厕所连水都少喝，为了多睡会儿少站会儿宁可天天“打的”……

有的“懒癌”患者不承认自己就是懒，喜欢挑好听的说，说是拖延症。其实，拖延症和懒并不是一回事。

有人明明有假期作业要完成，本来每天做几页很轻松，提前写完更好，但他们偏偏要先大玩特玩，临开学才忽然一惊：糟了，作业还一个字都没写呢！于是急急忙忙赶写作业，从白天写到黑夜，赶在开学的前一晚上终于完成。他们说这是拖延症，我说这叫“懒”。

有人明明定了早上6:30的闹钟，但是一定要在床上磨磨蹭蹭、翻来覆去，一直拖到不能再拖，这才急忙起床，草草梳洗一番。他们说这是拖延症，我说这叫“懒”。

有人明明有工作要尽快完成，但他偏要一会儿看看新闻，一会儿玩玩手机，一直拖到老板催交了，才慌慌张张地开始做。他们说这是拖延症，我说这叫“懒”。

拖延任何一件对自己有利，并且必须做、应该去做、早做比晚做要好或者做比不做好的事，都不叫拖延症，而应该叫懒。所有说自己只是拖延症的人都不过是在给自己的懒找借口。除非你是一个实现了财务自由的人，你就是不愿意早起，你就是不愿意上班，你就是不愿意打扫房间，那也无可厚非。毕竟，你晚起也可以有大笔收入，自由职业者不用上班，家务可以请家政公司的人来做。但如果你明明很缺钱，你明明很想做出点成就来，却迟迟拖延着不去做，把时间都用在很多无意义的事情上，如果不成功，又有什么借口可讲呢？

农民伯伯有句朴实的话：人勤地不懒。这个道理实际上可以应用到各个领域。不是天才、没有天赋都不是最重要的。你只要够勤快，哪怕成不了业内大师，也足以成为一代匠人。人只要行动起来，就已经在路上了。

在一个岩洞里，住着一位以砍柴为生的樵夫。他父母早亡，当初为了给父母治病，把家里的钱花光了，房子也卖了，还欠了很多债。樵夫为了多赚钱，每天起早贪黑地砍柴来卖。也许有人会说，砍柴能赚多少钱？但樵夫正是在每天砍柴的时候，学习了很多关于木材的知识，对周围大山的情况也了如指掌。因为樵夫不是盲目地干活，他顺便给生长中的小树苗修剪枝叶，把老树上干枯的树枝、暴风雨中被雷电劈中的树木都仔细处理了。在他的精心保护下，森林长得更加繁茂，樵夫也一点点地积攒起财富，甚至做起木材的小生意来。几年之后，樵夫还清了债，还用剩余的钱盖起了一座像样的房子。一天，樵夫拉着车去城里卖木材，傍晚回家时，却发现他的房子竟然被一场火灾烧毁了。

帮忙救火的邻居们眼看着樵夫辛辛苦苦盖的房子就这么没了，都替樵夫惋惜。但樵夫却没有过于伤心难过，而是拿了一根棍子，跑进倒塌的屋里不断地翻找着。不一会儿，樵夫兴奋地大叫："太好了，老伙计，你果然没事！"邻居们好奇地围拢过去，只见樵夫手里捧着一个斧柄已经烧坏了的斧头。"房子都烧没了，找到一个斧头有什么好高兴的呢？"邻居们奇怪地问。樵夫抓紧了斧头，自信地说："房子烧毁了算什么呢？只要有这柄斧头，我很快就会有一个新家！"

在有些人的意识里，住山洞也很好嘛，何必非得起早贪黑、口挪肚攒地盖房子呢？这样的人不是不想拥有安稳的物质环境，只是面对为此需要付出的辛苦时，他们就退缩了。他们找各种借口不去改变现状，哪怕他们真的很向往别人的美好生活。但是面对需要做的事情，他们要么选择拖延，要么直接退缩了，也没有真正行动起来，对于想要的生活依然只有望眼欲穿的目光。

我的一位朋友，因为公司经营不善而一度失业，近半个月没有找到新的工作。朋友愁闷焦虑，晚上失眠严重，早晨无法起床，除非去应聘，否则整天都在床上躺着、趴着。我告诫朋友：即便是待业期间，也一定要按照工作时的作息规律早睡早起，没事的时候也不要总是待在床上。因为，懒惰一旦养成，先是侵蚀人的身体，后来会深入人的意识，让人越来越消极，越来越怕辛苦。基督教将懒惰视为七宗罪之一，就是认识到了懒惰对人的可怕的负面影响。

一个人必须时刻保持昂扬向上的精气神，必须时刻注意保持快速的行动力，一定要警惕任何拖延的行为、思想，千万不要为懒惰找借口。要记住，懒惰这种事，有第一次就会有第二次，一旦成了瘾，就会彻底把一个人毁掉。

阅读笔记

最怕你不甘平庸，却又不去行动

做人没有梦想，跟咸鱼有什么分别？

做人只有梦想，跟咸鱼有什么分别？

一个人不甘平庸，有梦想有追求本是好事，但如果只会空想而没有行动，那也没什么意义。我们很多人都不想过平庸的生活，都梦想做个大人物，但谈起梦想总是滔滔不绝，提到该怎么做时，实际行动半点也无。他们有理想，想成功，但是他们不愿意放弃安逸，不愿意去为了想要的生活付出辛苦。

心怀大志，然后什么也不做，这叫白日做梦；不甘平庸，努力去实现自己的理想，这才叫成功人士。

在19世纪的美国俄亥俄州乡村有一对兄弟，大的名叫威尔伯，小的名叫奥维尔。他们的父亲是个牧羊人。两兄弟从小就对机械感兴趣，像现在许多淘气的孩子一样，两人拆卸安装所有能找到的机械用具，观察思考背后的原理。

在两兄弟10岁的时候，那年圣诞节父亲送给他们一个礼物——一只玩具蝴蝶。

父亲告诉他的儿子们：这东西能在空中飞翔。孩子们并不相信，因为他们还没见过人造的东西能在天上飞。父亲把玩具上面的橡皮筋扭好，一松手，玩具蝴蝶一边发出“呜呜”的声音，一边向空中高高地飞去。威尔伯和奥维尔高兴坏了，立即把玩具拆解开来，琢磨这东西为什么能飞。他们还生出了一个梦想：要是能造一个可以载人飞上天的东西该多好。到时候自己坐着这样的东西在天空飞，那感觉一定棒极了！

渐渐地，威尔伯和奥维尔两兄弟都长大了，他们创办了《西边新闻周报》，哥哥做编辑，弟弟做出版商。但是两个人一直没有忘记他们童年的梦想。借助在杂志出版业工作的便利，他们研究了大量国内外关于飞行机器的设想和概念图。

那时候，美国上下流行着“安全自行车”的热潮。有人就要问了，自行车有什么不安全的呢？说到这里，就不得不提自行车的发展史了。殊不知，自行车最开始被发明出来的时候，远远不是现在我们看到的样子。1817 年，德国人德莱斯发明了一种替代马车的两轮车，但是要用双脚来回蹬地才能前进，而且简陋的木质车座非常卡裆。之后，人们不断对两轮车进行改进，1861 年法国的米肖父子甚至设计了一款车子，前轮大，后轮小，车座靠上。虽然终于出现了脚踏板，但是座位太高，骑的人经常摔倒。后来，到了英国机械工程师斯塔利这里，革命性的改进终于出现了，就是我们所说的“安全自行车”。在斯塔利的努力下，两个轮子大小差不多，自行车座被设计到了车身中间的位置，车座可以调整，而且也加上了链条。这样自行车才有了现代自行车的雏形。

可想而知，饱受颠簸与摔跤之苦的人们终于可以自由自在地骑车了，斯塔利的“安全自行车”迅速风靡资本主义国家。沉迷机械的威尔伯和奥维尔两兄弟自然也对这种自行车十分感兴趣，于是，1892 年，嗅到了商机的兄弟俩把报社卖掉，开了家自行车修理店。这样，他们利用业余时间和设备的便利研制飞行机器，并用赚的钱来支持研制活动。

他们密切关注着国内外相关研究试验信息，并且向航空协会等组织索要资料，进行专业信息交流。在吸取前人经验教训的基础上，威尔伯和奥维尔于 1899 年开始进行机械航空试验。两人认为，飞行难题有三点，在前两点——机翼、发动机——上，前人已经有相当丰富的技术积累，最重要的是如何控制飞机。这一年发生了一件事，英国航空先驱帕西·皮尔策，在一次悬挂式滑翔机的试飞过程中，不幸失控坠亡。对此他们十分痛心，发誓一定要研制出可靠的飞行控制系统。

后来，哥哥威尔伯观察鸟类的飞行发现，它们是通过改变翅膀后端羽毛的角度，来控制身体左右滚转的，这很像自行车转弯的方式。他们希望借此找到一种方法，使机身能在被侧向气流干扰后，恢复平衡稳定的飞行。然而，两兄弟冥思苦想却始终不得要领。一天，威尔伯百无聊赖地坐在自行车店里，随意摆弄着用来包装自行车内胎的小纸盒。在他来回扭动纸盒的时候，突然灵光一闪，想出了一个被他们叫作“翘曲机翼”的点子。

翘曲机翼的原理很像我们小时候玩的纸飞机，当一侧的机翼翘曲和扭转的时候，会产生更大的升力而升高，同时让机身朝机翼较低的一侧转向。因此飞行员就可以通过操纵滑轮与钢钱扭曲机翼，进而改变两侧升力，帮助飞机保持平直飞行或进行转弯。由此，飞行过程中最困难的部分迎刃而解了。

1900 年 10 月的一个傍晚，威尔伯趴在滑翔机骨架上，迎着海风飞了起来。虽然只有短短几秒，高度也不足两米，但他们取得了有确切史料记载以来的最好成绩。第二年，兄弟俩改进设计，新的滑翔机飞上了 180 米的高空。到 1903 年，他们自制各种不同机翼的滑翔机，大量实验修正了前人的错误数据，设计出了较大升力的机翼截面形状。

滑翔机取得了前所未有的成功，但是威尔伯和奥维尔并不满足，他们的最终梦想是造出一种能带着人在天空自由飞翔的机器。于是，他们开始了“飞行者一号”研发行动。他们请机械师帮他们制造了一台活塞式发动机，并完成了组装。1903年12月17日，这是一个历史性的时刻。试飞的时候，弟弟奥维尔爬上去进行操作，哥哥威尔伯则开动发动机推动它滑行。很快，这架机器大鹏展翅一样飞上天空，用59秒飞出了260米。人们梦寐以求的载人空中持续动力飞行终于成功了!

想来大家也都猜到了，威尔伯和奥维尔还有一个举世闻名的称呼——莱特兄弟。在莱特兄弟之前，人类无数次幻想自己飞上天空，但是最先真正做到了这一点的只有莱特兄弟。在他们之前，哪怕是一架合格的滑翔机都未曾出现，更不用说以发动机为动力之源的飞机了。当然也有很多伟大的先驱，在探索的过程中付出了自己宝贵的生命，历史会铭记这些人，更会铭记莱特兄弟对于人类的贡献。

莱特兄弟之所以能够成功，就是因为他们没有把梦想停留在只是做梦上，他们不甘心放置自己儿时的梦想，无论做出版还是开自行车店，都是朝着研究飞行机器的目标前进。翘曲机翼的发明看上去好像是偶然，但这种灵感的光顾来源于兄弟俩绞尽脑汁长时间积累的想法。如果都不去思考如何才能做到，灵感怎么会白白找上门来呢？也是经过一次次的试验、试飞，才有了后来的飞机。

小的时候，很多同学的梦想都是做科学家、宇航员，但是长大后真正实现儿时理想的人，少之又少。同样，想在大城市买房的人很多，但真正有能力买房的人却很少；想考名校的人也很多，但真正考上的，身边又有几个人呢？与之相反的是，愿意一辈子过穷日子的人很少，但一辈子钱总是不够花的人很多；愿意一辈子没什么作为的人很少，但实际上真的没什么作为的人很多。为什么呢？无非是不甘平庸的人太多，而真正愿意为了理想去打拼的人太少。

这个年代，谁还没有一个梦想呢？但是，有梦想并不能说明什么，比梦想更伟大的，是合乎梦想的行动。无论我们有如何伟大的理想，都得踏踏实实一步一步地去做，否则就不能够实现。如果你不甘平庸，应该从现在就开始行动，像莱特兄弟那样，无论做什么事都是为了梦想的实现创造条件，不要再颓废，不要因为目前安逸的生活环境放弃对梦想的追求。

阅读笔记

理想，怎么能说说而已

理想是我们对未来事物的美好想象和希望，是对我们来说有实现可能性的向往与追求，是我们奋进的动力和源泉。

俞敏洪说：人的生活由心动和行动两个方面组成；心动就是心中的理想、志向，人是偏唯心的动物，心可以主宰自己的生活，因此只有你心里想要的事情，做起来才会有动力；但如果只有理想而不行动，那就成了空想；心动是向往远方，行动是用脚走向远方，所以我们只有把心和脚结合起来，生命才能走得更远。

约翰·戈达德，是世界著名的人类学家、探险者和冒险家之一。他出生于美国犹他州盐湖城，在加州洛杉矶长大。在15岁时的一个雨天的下午，戈达德坐在洛杉矶家中的饭桌前，满怀雄心壮志地在黄色便条的顶端写下了“My Life List”（我的生命清单）。在这个标题下，他写下了自己人生的127个目标：

1. 河流探险：

尼罗河、亚马孙河、刚果河、科罗拉多河、长江、尼日尔河、奥里诺科河、可可河，重走马可·波罗与亚历山大大帝曾走过的路。

2. 学习文化：

刚果、新几内亚、巴西、苏丹、澳大利亚、肯尼亚、菲律宾、坦桑尼亚、埃塞俄比亚、尼日利亚等国，以及婆罗洲、阿拉斯加等地区。

3. 攀登山峰：

珠穆朗玛峰、阿空加瓜峰、麦金利山、瓦斯卡兰山、乞力马扎罗火山、亚拉拉特峰、肯尼亚山、库克山、波波卡特佩特火山、马特峰、雷尼尔山、富士山、维苏威火山、婆罗摩、大梯顿山、鲍尔迪山。

4. 拍摄瀑布：

伊瓜苏瀑布、维多利亚瀑布、萨瑟兰瀑布、约塞米蒂瀑布、尼亚加拉瀑布。

5. 水下探险：

乘潜水艇潜入海底，欣赏佛罗里达州的珊瑚礁、澳洲的大堡礁、红海、南太平洋的斐济群岛、北大西洋的巴哈马群岛，探险美国佐治亚州东南部的奥克弗诺基沼泽和佛罗里达州的佛罗里达大沼泽地。

6. 全球造访：

造访世界每个国家和地区，造访南北极、梵蒂冈、伯利兹蓝洞、中国长城、巴拿马的巴拿马运河、埃及的苏伊士运河、智利复活节岛、厄瓜多尔加拉帕戈斯群岛、印度泰姬陵、法国埃菲尔铁塔、英国伦敦塔、意大利比萨斜塔、墨西哥奇琴伊察，攀登澳大利亚的艾尔斯岩，顺着约旦河沿加加利海到死海，拜访爷爷和外公的出生地，在印度尼西亚巴厘岛参观火葬仪式，攀登埃及胡夫金字塔，完成环球航行，访问月球。

7. 湖底游泳：

维多利亚湖、苏必利尔湖、坦葛尼喀湖、的的喀喀湖、尼加拉瓜湖。

8. 完成目标

（1）学会一些技能：学会几门外语，学会打字，一分钟内打字50个；学吹长笛、拉小提琴、弹钢琴、作曲；学会跳伞、游泳、滑雪、打篮球、踢足球、打马球；学会柔道，学会使用弓箭、套索、回旋镖；熟练掌握枪支使用技术，熟练掌握车、船、飞行器的驾驶技术；学会围栅栏。

（2）提高身体素质：跳高达5英尺（约152厘米）、跳远达15英尺（约457厘米）、在5分钟内跑完一英里（约1610米）、连续做200个仰卧起坐和20个引体向上，潜水至水底40英尺（约12.2米）并憋气2分半。

（3）欣赏音乐和文学：欣赏世界各国音乐大师的作品，阅读世界各国文学大师的名著，读完《圣经》全书，读完4350万字的《大不列颠百科全书》。

（4）接近自然：对野生动物进行拍摄、驾驭、饲养和研究。

（5）尝试不同的职业：写一本书，演一次电影，做一次大学讲师，制作一台望远镜，在《美国国家地理》杂志上发表文章，做一次业余无线电报务员，当一回水手，开展医药与探险事业。

（6）成为“探索俱乐部”和“冒险俱乐部”的成员。

（7）娶妻生子，活到21世纪。

别人看到这些，都觉得这孩子在漫无边际地幻想，因为这么多事情就算几辈子也不可能做到啊。然而少年却始终为这些志愿努力着。第二次世界大战期间，戈达德曾在美国陆军航空军中服役，之后他便开始了漫漫征程，一路风霜雪雨，硬是把一个个近乎空想的夙愿，变成了一个个活生生的现实。他也因此一次次地品味到了搏击与成功的喜悦。

在探险中，戈达德被凶猛的河马和鳄鱼袭击过，被毒蛇咬伤过，被暴怒的大象和犀牛攻击过，被疣猪追赶过，还曾差点在一场沙暴中被活埋，在尼罗河上遭遇强盗射击，被一群有敌意的人用石头打。他还经历过飞机失事、地震，在激流中和深海潜水时四次差点溺死。

直到 2013 年 5 月 17 日去世，活到了 88 岁的约翰·戈达德完成了 127 个人生计划中的 110 个，探险里程超过 100 万英里，被大英百科全书授予“生命成就奖”的荣誉。他的人生格言是：要敢于去做，恐惧就是失败！

无独有偶，清朝彭端淑的《白鹤堂文集》中也讲了一个类似的故事。

在四川的偏僻山区有两个和尚，一个穷，一个富。

有一天，穷和尚来找富和尚，说：“师兄，我要去南海朝拜礼佛，你去不去？”

富和尚瞅了瞅穷和尚，问：“从咱们这里到南海，来回好几千里地，你怎么去？乘车还是坐船？”

穷和尚一摆手，说：“哪里需要这么麻烦。我只带个水壶和吃饭用的钵盂就行了。我准备就这样一步一步走着去，路上随处化些斋饭汤水，总归能走得到。”

富和尚听了哈哈大笑，说：“师弟，不瞒你说，我几年以前就决心要去南海礼佛了。为此，我准备租条船顺流而下。就算有了船，也要花很长时间，所以我还得准备好睡觉用的被褥铺盖。吃饭也是个大问题，虽然说能化缘，但是坐在船上化缘终究不方便，米面蔬菜也是必不可少的。虽然我有钱，但还是觉得不够。所以，我到现在还没能成行。而你打算就靠一只水壶一个钵盂走着去南海？这不是瞎胡闹吗？”

穷和尚耐心地听富和尚说完，笑了笑说：“好的，师兄，我知道了。”

第二年的一天，穷和尚再次出现在富和尚面前。富和尚一见穷和尚，大吃一惊："师弟，你这是怎么了？怎么一年不见你瘦了许多？"

穷和尚高兴地笑着，说："师兄，自从一年前跟你一别，我就出发去了南海，现在这是刚从南海回来。一路上风餐露宿，自然瘦了许多。但是此去南海，果然是大有收获。我见到了许多修行精深的师父，讨教了很多佛法上的问题，还膜拜了观世音菩萨，亲眼见到了佛光。这一趟真是不虚此行。"

穷和尚越说越开心，恨不得把自己一路上的所见所闻都说给富和尚听。而富和尚想想早就把去南海礼佛的理想忘到脑后的自己，只能羞愧得无地自容。

我们每个人，对自己的理想都应该珍惜，不要轻易地起誓发愿，一旦确定了理想，就要毫不迟疑、毫不拖延地向着目标迈进，想尽一切办法实现理想。要知道，乐于行动和喜欢偷懒都会成为习惯，都会使人上瘾。一个人一旦有一次对理想只说不做，就很容易第二次失信于自己，进而就会发生第三次、第四次……恢复行动力并不需要金钱，无论你是贫穷还是富有，只要有勇气摆脱惰性，你就有了能够实现理想的前提。

阅读笔记

只要愿意去做，一切都来得及

一个人只要肯努力了，无论他是什么时候开始的，都不嫌晚。

在新加坡，有一位叫司徒保华的华裔。他是一个连锁餐馆的老板，长相不是慈眉善目，而是一脸凶相。这也许跟他早年的经历有关——15 岁到 33 岁之间，司徒保华是黑社会帮派成员，同时也是个“瘾君子”。

司徒保华的父亲早年从广州移民到新加坡，找不到正经营生，于是开始贩毒。司徒保华耳濡目染，自幼就帮助父亲分装毒品，并在 15 岁开始吸毒。司徒保华为了买毒品，辍学加入黑社会帮派，做些收保护费、打架的事，成为当地监狱的常客。

1993 年，饱受毒品摧残的他终于在狱警的帮助下戒除了毒瘾，33 岁的司徒保华最后一次刑满释放走出监狱。想起入狱前母亲对他流露出的疼爱和失望，他决定痛改前非，从头开始。

不再混社会的司徒保华决定找份正经的工作养活自己。然而，他一连参加了 6 家公司的面试，全部遭拒。因为这些公司都顾虑他是有犯罪前科的人。司徒保华这才意识到了自己的年少无知给回归社会的道路增添了巨大困难，为以前做的事情后悔不已。社会现在企图无情地抛弃这个浪子，但他反而更加坚定了不走回头路的决心。因为他意识到自己不能再继续蹉跎下去了，否则就真的再也无法过正常人的生活。在一直没有公司肯接纳他的情况下，他借钱买了辆摩托车，开始做快递员。快递员这个工作的苦与累大家都知道，但司徒保华一干就是 7 年，还攒够了钱，成立了自己的快递公司。不幸的是，因为缺乏经营和管理经验，他用血汗钱开办的公司破产了。

俗话说：皇天不负有心人。虽然快递公司没做成，但 1999 年的一次经历却让他找到了方向。那一年土耳其发生大地震，新加坡派救援队前往参与救援，司徒保华怀着做个好人的愿望主动跑去给救援队医护人员做饭。那时，他凭着记忆中母亲做饭的方法做出来的饭菜大受好评，这让司徒保华认识到自己有烹饪才能。于是，经过一番努力，在牧师的帮助下，司徒保华开了一家中餐馆。为了回报社会，也为了帮助与自己一样有前科而不被社会接纳的人，他特意聘用了大量刑满释放的人员。结果，这些有过前科的人很多还没有改掉陋习，没有坚定重新做人的决心，导致店内偷盗、打架、吸毒事件频发。司徒保华的第一家餐馆只维持了一年就关门了。

从这一次创业失败的教训中，司徒保华认识到了自己缺乏管理经验，但同时也坚定了做餐饮业的信心。于是，他跑到英国专门为失足、边缘青年提供职业培训的慈善餐厅“Fifteen Restaurant”拜师学艺，希望师从餐厅主厨杰米・奥利弗。“Fifteen Restaurant”的意思是“15 餐厅”，每期只招收 15 名学徒，进行为期 18 个月的培训，培训合格后才能成为餐厅的厨师。这时的司徒保华已经 40 多岁了，不仅不是英国人，而且已经算不上青年，不符合 15 餐厅的招生要求。司徒保华却不灰心，反复恳求。最后被缠得没办法，奥利佛最终答应让司徒保华在餐厅里实习一个月，费用自理。

虽然实习时间不长，但司徒保华受益匪浅。回到新加坡后，他在2007年重新开起了餐厅，起名叫“十八厨”餐厅。这个名字融合了司徒保华父亲曾待过帮派的名称，加上“厨”，希望帮派里的人们能脱离帮派，在餐厅迎来新生。重新开餐厅的司徒保华没有因为第一次的失败经历而退缩，继续招录刑满释放人员，希望通过为他们提供工作帮助他们改邪归正。有人曾质疑他这样做并不能让那些有前科的人改过自新，反而会连累餐厅。司徒保华坚定地说：“无论你请什么样的人，其实都会遇到类似的问题，如果那么容易就泄气，可能是不太适合做这样的事吧。”当然，吸取教训的司徒保华这一次加强了管理。为了让自己放心，也让顾客们吃得放心，他对刑满释放的人员进行了全方位严格的考核，并且注意控制刑满释放人员占餐厅员工总人数的比例，没有重蹈覆辙。

为了打响“十八厨”这个招牌，司徒保华日复一日严格挑选食材，认真研究菜谱，开发更具普适性的菜品，致力于为顾客提供性价比尽可能高的饮食。

没多久，“十八厨”火了。现在，司徒保华已经拥有十余家分店，月盈利75万美元。2012年，司徒保华获得“新加坡总统勋章”和“挑战社会企业奖”，成为新加坡著名企业家。2014年，54岁的司徒保华遇到了一位同样充满爱心的女志愿者，与之相恋并成为夫妻。他的经历已经被编写成一部名为《One More Chance（再多一次的机会）》的书，以帮助更多的人走上正确的人生道路。

33岁才开始走正常人生的司徒保华，顶着“坏人”的标签，用自己的努力，历时21年，终于重新做回好人，换来了事业的成功和家庭的幸福。

我们都明白一个参加过黑社会的人会招来多少“白眼”，明白一个“瘾君子”

戒毒有多难，也知道一个高中都没毕业的人 33 岁才开始打拼有多难成功。许多像司徒保华这样的人恐怕已经深深沉溺于毒瘾里，放弃挣扎了。因为不只他们自己，在旁人看来他们这辈子也就只能这样碌碌无为了。但事实是，只要肯努力，这一切都来得及改变。虽然起步基础太差，起步时间太晚，但司徒保华还是在 54 岁时拥有了一个成功人士应该拥有的一切，还在新加坡的商业史上留下了浓重而传奇的一笔。

然而很多年轻人却还在挥霍自己的青春，正在消极地对待自己的人生。如果能像司徒保华一样，我们就还来得及成功。而如果非要到垂垂老矣、行将就木的时候才知道后悔，那就真是来不及了。

吴秀波是我们所熟知的影视演员。他的中年暴红充分证明了只要愿意努力去做，也能够成就属于自己的奇迹。

吴秀波生于 1968 年，16 岁考入中央戏剧学院，20 岁毕业被分配到铁路文工团话剧团，工资待遇是月薪 70 元。当时，流行音乐进入国内。受到影响的吴秀波听入了迷，立志要当一名歌手。于是在进入铁路文工团的当年就辞职，出来做酒吧驻唱。一开始，吴秀波大受欢迎，最好的时候月入 6000 元。这在那个时代算得上是非常高的月薪了。那时候的他出手很阔绰，每次请朋友吃饭都要把菜谱上一半的菜都点上来，绰号“吴半本儿”。

然而，打算就此做一个歌星的“吴半本儿”并没有在这条路上大红大紫，不温不火的他有一天突然感到了恐慌。他发现原来圈里的朋友都纷纷离开了这个行当，而现在圈里的那些人都比他年轻得多——他已经快 30 岁了，比不上那些年轻人，已经没办法再在这个圈里混下去了。吴秀波决定出一张专辑，如果还是火不起来，那就不再唱歌了。于是，他开始想办法赚钱——卖过服装、皮鞋、电器，开过餐馆、美甲店、酒吧，还炒过外汇。他赚到了些钱，开始自己录歌，出了一张名为《爱之战》的专辑，又花钱找音乐公司去发行，还特地成立了一家文化公司。这张专辑卖出了11万张，销量一度超过了当时的崔健，但吴秀波这个名字却依然没有火。

2000年，出过专辑、了无遗憾的吴秀波告别了音乐圈，开始正式下海经商。然而，他出专辑之后所做的买卖都不成功，没攒下什么钱，因为他一赚到钱就请朋友胡吃海喝，转眼就把钱财挥霍一空。所以，吴秀波这些年最大的收货是变成了一个系鞋带儿都费劲的170多斤的大胖子。

吴秀波在34岁与尚洁相恋结婚。很快，妻子怀孕了，但吴秀波存折里只剩下几千块钱。摆在吴秀波面前的几乎是穷途末路的状况。身为一个男人，肩负养家糊口的重任，吴秀波知道自己不能再这么吊儿郎当下去了，否则全家都要饿死。

找什么门路赚钱呢？吴秀波想到自己毕竟是中戏科班毕业，还是闯荡影视圈靠谱。但要混影视圈，必须拥有良好的身体形象。为了减肥，吴秀波开始节食，甚至经常不吃饭，再结合运动，终于瘦了下来。

在朋友的帮助下，减肥成功的吴秀波进入了影视圈。吴秀波拼命接戏，甚至接拍了一个从6楼跳下的角色。为了老婆孩子，吴秀波真的是拼命了。接了许多配角的吴秀波，终于在2003年开始演起了主角。但令他郁闷的是，他主演了21部电视剧，每部都是主角，每部都没火。这时吴秀波已经有了两个儿子。他急需赚更多的钱让两个儿子接受好的抚养和教育。于是他努力锤炼演技，认真揣摩人物。直到42岁，吴秀波主演《黎明之前》，饰演主角刘新杰——历经8年积淀的他这一次终于火了。此后，吴秀波一发不可收拾，接连主演了《赵氏孤儿案》《心术》《离婚律师》《马向阳下乡记》，等等。在每部戏里，他都不断寻求突破，甚至为了一个表现角色愤怒的镜头而不小心把自己的右手砸骨折。吴秀波的努力众人有目共睹，他得到了合作者和观众的高度认可和评价。

“烟草大王”褚时健锒铛入狱后几乎一无所有，但在2002年开始以75岁高龄二度创业，10年之后成为“中国橙王”，东山再起；60岁的桑德斯屡受挫折而不甘失败，历经拒绝而不气馁，创立了风靡全球的肯德基；司徒保华从少年起混迹黑社会，蹉跎半生，后来奋起努力，54岁事业爱情双丰收；吴秀波唱歌一无所成，经商接连失败，闯荡演艺圈到42岁才开始走红，成为演艺圈大叔级明星；姜子牙80岁遇周文王，帮助西周夺得了天下。好饭不怕晚，茶吃后来酽。不要眼红于别人早早得到，将来谁的成就更大还不一定呢，你又何必早早缴械投降呢？

人生就是这样。你只要坚持着往前走，慢慢就会发现越来越多的人落在了你的后面。人生不是体育竞赛，速度快慢不是最重要的，重要的是你能否到达成功的终点。如果你到达了，那么，你便赢了自己，也就赢了人生。

古诗说得好：

青青园中葵，朝露待日晞。阳春布德泽，万物生光辉。常恐秋节至，焜黄华叶衰。百川东到海，何时复西归？少壮不努力，老大徒伤悲。

人生若要得意，还要及早努力。因为，现在还来得及。

Chapter 8

勇气：你不勇敢，没人替你坚强

人活一世，最终是为了什么？每个人的回答都不一样。海子有一首诗叫《夏天的太阳》，他写到，你来人间一趟 / 你要看看太阳 / 和你的心上人 / 一起走在街上。不可否认的是，看看大千世界，体验丰富多彩的生活是很多人所向往的。如果日复一日地重复单调乏味的生活，不拿出勇气做出改变，生活必然像白开水一样平淡，甚至还会有很多心酸和苦涩。如果勇于去尝试，哪怕遇到挫折和失败，也会有意想不到的收获，也能够得到成长。若不大胆尝试，你将什么都不是！

许多天才因缺乏勇气而在这世界消失。每天，默默无闻的人们被送入坟墓，他们由于胆怯，从未尝试着努力过；他们若能接受诱导起步，就很有可能功成名就。

——英国　席巴·史密斯

生活要么大胆尝试，要么什么都不是

一个努力的人，同时应该也是一个勇敢的人。我见过太多的人没有勇气让自己吃点苦、遭点罪，不肯努力。

勇敢是成功者身上普遍具有的一大特质。现在的年轻人个性独立，崇尚自由，但在面对生活或职业的压力时依然不得不屈服、妥协。其实，人有时候要想成功，真的不能前怕狼后怕虎，不能太纠结，应该勇敢地迈出第一步。去尝试新的领域新的方法，这样才有机会得到不一样的收获。李开复的成功就和大胆尝试有很大的关系。

李开复 11 岁时，到美国田纳西州的一个小城市读书，以数学天赋和人文天赋深受老师青睐。因为他的父亲平时喜欢研究历史与政治，深受影响的李开复也有意涉足政坛，于是李开复考大学时选择了排名在全美前三的哥伦比亚大学法律系，希望将来成为一名律师或一位政治家。但入学后，李开复逐渐发现自己并不真正喜欢政治。这个时候，他接触到了计算机，疯狂地喜欢上了编程。最终，上大二的时候，李开复做出了一个重大的人生决定：放弃此前已经修成的学分，降级转入哥伦比亚大学计算机系。

20世纪70年代，计算机在全世界都属于新事物，在美国一样没有发展成熟。谁也没有预料到电脑会如此迅速地在全世界普及，甚至人们在日常生活中会离不开它。当时哥伦比亚大学的计算机系也是新创立的，连30人都不到，社会前景也不明朗。从前途光明的法律系转到一个前途未卜的计算机系，风险可以说非常巨大。亲朋好友劝李开复慎重一些，不要因为爱好而冒险。但李开复觉得人生短暂，自己的时光不应浪费在并不感兴趣、没有成就感的领域。于是坚定了自己的选择。这是李开复人生中的第一次大胆尝试。

因为有兴趣和激情，加上勤奋努力，转系后的李开复以优异成绩获得哥伦比亚大学计算机学士学位，之后进入卡内基梅隆大学继续攻读博士，很快就成了该领域的顶级专家之一。

在卡内基梅隆大学时，学校允许学生自主选择授课教师。经过反复比较，李开复选择了罗杰·瑞迪为指导教师，研究方向则为“语音识别”。罗杰·瑞迪老师是一个卓有成就的计算机专家，是计算机方面最高奖——图灵奖的获得者。他对李开复说：“我将组建一个15人的团队，用专家系统来解决不特定语者语音识别的难题。你可以参与一下。”李开复却大胆地否定了导师的想法，认为通过统计方法可以更简单地解决这个问题。导师并不赞同，但仍然支持李开复进行尝试。李开复每天研究18个小时，写了至少10万行程序，用统计学的方法把语音识别系统的识别率从原来的40%提高到80%，最后又提高到96%，达到了世界领先的程度。

从卡内基梅隆大学毕业后，因为导师的挽留，李开复留校任教。但是他非常不满地发现，卡内基梅隆大学的许多教授都把大部分的时间投入到如何获得终身职位、怎样去发表论文等方面，并不热衷于钻研和创新。这让他觉得自己待在这里是浪费生命。于是，李开复离开校园，先后在苹果、SGI（美国硅图）公司担任重要职位。

1998年，李开复加盟微软，在微软一干就是7年。开始的3年，他主要负责在中国组建研究院。这期间，他接触到了中国的很多大学生，喜欢上了与中国大学生交流和对中国大学生进行培养。但很快，因为工作变动，李开复被调回美国总部做全球副总裁，与中国学生的沟通交流变得困难了许多。这使李开复觉得自己人生变得无聊起来。

2005年，李开复又做出了一个大胆的决定——这个决定震惊了业界：他向微软提出了辞职，表示自己要听从内心的召唤，去一个更有激情、更能学习的地方。

离开微软的李开复主动加入了谷歌。他说："不管是否如愿，至少我要试一试。我做了，我试了，我不会在我70岁的时候因为看到谷歌是全世界最大的公司，后悔没有在我43岁那年写这封E-mail，不会后悔为什么我写好了E-mail却没有勇气发出去。"

从换专业到跟导师唱反调，再到放弃稳定的大学教授工作做企业，再到冒着巨大风险跳槽，李开复一直都在大胆地尝试挑战。这无疑成就了他今天的地位。

每个人的人生都只有这一次。如果你选择随波逐流，你就永无出头之日。

年龄越大，停留时间越久，想要改变人生就会变得愈发困难。不过，难并不意味着不可能。我们的人生仍有转机。只要你够努力，够勇敢，有直冲云霄的勇气，大胆尝试，你定能够书写出浓墨重彩的人生篇章。

人生就是这样，"撑死胆大的，饿死胆小的"。你勇于尝试，你就能抢得先机；

你不敢尝试，就什么都不是。世界上 90% 的人都是普通人，而他们当中，有太多都属于没勇气大胆尝试的人。当今世界，开拓进取、大胆冒险是主流，保守是细枝末节。有句话说得好：再不疯狂，我们就老了。如果你在年轻的时候没有大胆尝试，垂垂老矣之时只能白白叹息自己一辈子一事无成。

阅读笔记

清华北大，不如胆子大

有时候，人无法努力前进是因为他不够自信，瞻前顾后，没有勇气打破条条框框，不敢挑战权威，导致自己总是在即将成功的时候功亏一篑，大败亏输。

中国人常说：不听老人言，吃亏在眼前。这话并非没有道理，但是也未必放之四海而皆准。欲成大事者，决不能因循守旧、畏惧权威，要敢于相信自己，打破成规，消除畏惧。

万达集团董事长王健林曾经出席清华大学经济管理学院企业家讲堂，发表了《创新与竞争优势——以万达为例》的演讲。在演讲中，他说出了这样一句话："什么清华北大，都不如胆子大。"王健林告诉前来听演讲的人：万达集团当年赚到的房地产业第一桶金，就是勇于打破苏联的筒子楼建筑模式，给房子加铝合金窗、防盗门、洗手间，得到了市场的极大认可，这才有了今天的万达。

俗话说：吃得苦中苦方为人上人。这话既对，又不对。不努力，当然难以成为人上人，但是如果没有勇气去树立成为人上人的志向，没有勇气朝着这样的目标去行动，也很难成为人上之人。

人们常说“不想当将军的士兵不是好士兵”。一个人不敢想、不敢干，很难出什么成就。许多事情，敢第一个去做的才是天才，才有可能获得最多最大的收益；第二个去做的是庸才，只配庸庸碌碌过一生；而之后跟着一窝蜂去做的就是蠢材，好处早已经被第一个去做的人吃干抹净了，这时候才知道冲上去，只能做些“人家牵驴我拔橛”的赔本生意了。《西游记》中齐天大圣大闹天宫与天界诸神对抗时曾经说过：“皇帝轮流做，明年到我家。”孙悟空是这么想的，也是这么说的，更是这么干的。他把玉帝吓得惊慌失措，把天界诸神打得落花流水，这才入了如来佛的法眼，修成正果，被封为斗战胜佛。

一些人可能还记得，在20世纪80年代，有一款“傻子”瓜子行销大江南北，非常火爆。“傻子”年广久也成为当时的全国风云人物。

年广久，“傻子”品牌的创始人，安徽人，出生于多灾多难的1937年，9岁时就跟着父亲走街串巷做小商贩。后来父亲去世，他自己摆摊卖水果，允许顾客先尝后买，遇到有顾客找后账说斤两不足，年广久绝不计较，总要给添几个水果，让顾客满意而去。就因为这个，同行说年广久傻，平时就干脆以“傻子”作为年广久的外号。实际上，年广久是用这大胆的创新举措吸引回头客。新中国成立后，年广久仍然做小商贩，政策不允许，他就偷着卖。这期间，他卖的是自己炒好并包装好的瓜子。年广久从别人那里学了一手炒瓜子的绝活，每天晚上七八点钟开始炒瓜子，一口气干到第二天早晨五点，稍微睡一觉，七点钟左右又起来把炒好的瓜子分装包好。等到当天的下班时间，他就出去偷偷地卖。他炒出来的瓜子味道香，个儿大，分量足，顾客买一包他还送一把，当然大受欢迎。结果，就凭着卖瓜子，在谁家有1000元存款就已经非常了不得的1976年，年广久就已经赚到了100万元！

十一届三中全会召开后，中国全面实行改革开放，年广久受到鼓舞，积极行动，以“傻子”为品牌，在别人还半信半疑的时候就抢先从偷着干变为明着干，从小作坊生产变为成立了百余人的瓜子厂，成为当时国内头一号私企，还得到了邓小平同志的高度赞许。也就是从那时候起，“傻子”品牌成为当时中国少有的全国知名品牌。

我们现在来看，年广久哪里是个傻子？他分明是个勇士。如果他当年不是大胆地做生意，他就不能积累到人生中的第一笔财富。如果他不是紧接着趁改革开放的春风抢先大胆出手，“傻子”瓜子也就不可能取得当时风靡全国的地位。这就叫“撑死胆大的，饿死胆小的”。

人生就是这样，“三分天注定，七分靠打拼”。这“打拼”二字，不仅指努力，还蕴含着“敢想、敢闯、敢干”的深意。

正所谓“英雄不怕出身低”，如果你是“常青藤”或者哈佛、牛津的硕士、博士，或是清华、北大的高才生，那固然是好，但如果不是，也不要气馁。“什么清华北大，都不如胆子大”。只要你敢想、敢闯、敢干，努力下去，你就能打出一片自己的天下。

没有什么遥不可及，只看你有心无意

有一句歌词写得好：路太长，梦太远，狂流泪珠汗水一点一滴。

梦想之所以是梦想，就是与现在的你还有一段距离。正所谓“望山跑死马”，有时候看着梦想很近，但追求起来，又发现离得好远好远。“筷子兄弟”在微电影《老男孩》的同名主题曲中唱出了这些人的无奈和彷徨：

……/ 梦想总是遥不可及 / 是不是应该放弃 / 花开花落又是雨季 / 春天啊你在哪里 / 青春如同奔流的江河 / 一去不回来不及道别 / 只剩下麻木的我没有了当年的热血 /……

每一个人都会有梦想，但太多的人都会觉得梦想距离他遥不可及。其实这并不是他梦想真的不可实现，而是因为他有心做梦，无意行动。为什么无意行动呢？因为他改变命运、获得成功的欲望不够强烈。他觉得梦想太难实现，是因为他的企图心不够强烈，他的野心不够强烈，太容易向困难屈服了！中世纪的人绝对无法想象今天的人类所能做到的一切。我们今天所处的时代对于古人来讲就是天堂。

我们今天所取得的成就正是一个个闪耀在历史星空上的伟大名字对梦想的追求和实现。

再难实现的梦想，只要你去勇敢地追求，总有实现的可能，但如果你自己放弃了，那就变成绝无可能。

在1957年的德国法兰克福，有一个小男孩出生在一个贫穷家庭。小男孩很喜欢弹钢琴，但学习音乐通常要花很多钱去买乐器、请老师，音乐是穷人家很难消费得起的才艺。仅仅是一架钢琴的价格，就已经让很多家庭不得不望洋兴叹了。

小男孩的家里也买不起钢琴。但他没有失望，也没有放弃。他用纸壳做了一个钢琴键盘，用手在这样的无声键盘上弹奏，在脑海里配以声音。他就日复一日地这样无声弹奏着，仿佛是在弹奏真正的钢琴。就这样练习了一段时间之后，他居然还学会了作曲，并且谱出来的曲子还能卖出去。

终于有一天，男孩用自己卖曲子攒下的钱买回了一架二手的破钢琴，并自己动手将其修理好。有了真正的钢琴，他对音乐的热情更高了，练习也更努力了。

那一年，男孩还不到20岁，已经开始在德国甚至世界的乐坛上腾飞了，并最终成为好莱坞著名的电影音乐创作人。在第67届奥斯卡颁奖大会上，他以为闻名于世的动画片《狮子王》配乐而荣获了最佳配乐奖。他就是汉斯·季默，一位自学成才的音乐大师。你也许并不熟悉他的名字，但如果你爱看电影，那你一定听过他的音乐。除了《狮子王》，他参与配乐的影片还有《勇闯夺命岛》《黑鹰坠落》《珍珠港》《最后的武士》《亚瑟王》《达·芬奇密码》《功夫熊猫》《大侦探福尔摩斯》《盗梦空间》，以及《蝙蝠侠》系列和《加勒比海盗》系列等。

梦想并不是真的遥不可及——如果你不是太过于有想象力的话。一个穷小子用纸板琴键练成了世界级音乐家，这也是看似不可能的事。但是汉斯·季默做到了。所以只要你有勇气，用心去努力，多遥不可及的梦想也有实现的可能。

汉斯·季默的成功，在于他对未来的成就有强烈的企图心。他很早就明白自己要如何改变命运，并且毫不犹豫地朝着自己既定的目标去努力。

很多人不是不想成功，但是比起早起晚睡来，他更愿意多睡一会儿；比起辛勤工作来，他更愿意多玩一会儿；比起勤俭节约来，他更愿意多享受一点儿。他们也希望做人上人，可是吃不得辛苦，说到底，就是他们对成功的欲望不够强烈，“今朝有酒今朝醉，明日愁来明日愁”。这种情况，说难听点儿就叫不求上进。

一个人要想改变命运，首先要拥有强烈的渴望成功的欲望。“再穷不过要饭，不死终会出头。”只要你有足够强烈的对成功的渴求，不管你处于何种艰难的境地，你都会有办法出人头地，通过超越常人的努力搏出一个未来。

那么，如何让自己渴望成功的欲望更强烈呢？就从每天早起半小时、每月攒下1000元开始吧。先给自己设定一些能够实现的小目标，然后一个一个地去实现它们，品尝一下成就感的滋味。当你获得的成就感越来越多，你就越相信自己的能力，渴望成功的欲望也就越强烈。只有成功过的人才知道那种感觉多么美妙。相信我，你会“上瘾”的。

你需要在平淡的世界里，喧嚣地活着

据科学家估计，从人类出现以来到今天，地球上生活过大约1060亿个人。然而，这1060亿个人中的绝大多数最终都默默无闻地死去了，甚至没有在这个世界上留下任何一点能证明他曾经来过的痕迹。

我们能记住3600多年前殷商缔造者成汤的名字，能记住2300多年前的亚里士多德的名字，但我们无从知道那时的一介无名小卒的人生。想到这里，再看看自己，你可能会生出一种绝望，100年后我还能被世人记得吗？我们能为这世界留下什么？曾经引发我们降生的那条“小蝌蚪”跑赢了亿万同伴，为我们抓住了那一次机会。我们每一个人能够降生在这个世间，就是我们人生中最大的幸运。那么，我们就甘愿成为这个世界的一个无名过客吗？少数人可以活成“大我”，更多的人是普通的，在芸芸众生中，希望我们每个人都能做最好的自己，哪怕不能为人类或者国家做出巨大的贡献，也要在自己的小宇宙里发光发热，把自己的人生活得喧嚣，绽放自己的精彩。

李维·施特劳斯1829年出生于德国，父母都是小职员。李维按部就班地读完中学、大学，然后也像父母一样成为一个职员。就在这时，美国西部发现金矿，生性不安分的李维当即辞职，加入到奔赴美国的淘金队伍中。

结果，等来到旧金山，李维发现这里到处都是淘金者，而且他们中的绝大多数都还是两手空空一无所获。李维不禁想到，与其像其他人一样到处艰难地寻找金子，倒不如走一条新路——为这庞大的淘金群体提供一些生活服务。因为淘金地点都是在荒郊野外，购买日用品就成了令淘金者头疼的问题。李维索性就开了家日用品小店，也是附近唯一的日用品店，生意十分红火。

有一天，李维进货的时候，像往常一样购进了一大批搭帐篷用的帆布。不料，因为很少再有新的淘金者到来，这些帆布没几个人买，货压在了手里。正在为此发愁的时候，李维遇到了一个淘金者，他问李维有没有耐磨的裤子卖。因为淘金者的裤子经常与石头、沙土摩擦，棉布做的不耐穿，几天就磨破了，所以他们都希望能找到更结实一点的裤子。李维灵机一动，反正这些帆布也卖不出去，不如做成裤子，肯定又结实又耐磨，说不定会大受欢迎。想到就做，1853年，世界上第一条日后被称为“牛仔裤”的帆布工装裤在李维手中诞生了，当时它被工人们叫作“李维氏工装裤”。果然，这种裤子比别的裤子结实多了，受到淘金者一致好评，很快被抢购一空。

这次销售成功以后，李维关掉了小百货店，用之前积攒下的资金开办了“李维·施特劳斯公司”，开始大批量生产和销售“李维氏工装裤”，同时为了扩大销路，并积极改进工装裤的面料和样式。他听说一种叫“尼姆靛蓝斜纹棉哔叽”的蓝白相间斜纹粗棉布在欧洲很受欢迎，立即进口了这种布料。结果，新面料制成的裤子不仅结实耐磨，更是柔软紧身，样式漂亮，更受欢迎。很快，这种工装裤就成了淘金工人、农机工人以及牛仔的首选。1873年，李维与一个名叫雅各·戴维斯的裁缝达成合作协议，裁缝师傅为“李维氏工装裤”加装黄铜色铆钉以加固口袋，并申请了专利。这时，“李维氏工装裤”已经具有了今天牛仔裤所特有的样式。同时，李维还为自己的工装裤注册了一个图形商标，提高了“李维氏工装裤”的影响力。

1930年，美国西部牧场主为弥补经济萧条所带来的损失，将牧场改成了度假旅馆，供富人们休闲娱乐。客人们在牧场里衣食住行都仿照真正的牛仔，“李维氏工装裤”也被他们度完假以后带回了家。“李维氏工装裤”就这样被城市里的人注意到了。于是，“李维氏工装裤”又赢得了美国社会大众的普遍欢迎，成为一种时髦服装。二战后，“李维氏工装裤”逐渐成为年轻化、大众化、青春魅力和自由不羁的象征，被社会各阶层的人所接受，更随着美国文化的推广走向了全世界。就这样，李维以自己名字命名的工装裤传承至今，为李维的后人带来了82亿美元的财富和一个世界著名品牌。

李维·施特劳斯用粗布做衣服，走出了一条勇敢的、与世界不同的路子。他真的在美国发现了金矿，不过是在淘金队伍里发现的。他的名字成为品牌，被人追捧，成功地在这个平淡的世界留下了自己喧嚣的印记。

如果你只是想在这个世界里活着直到死去，那很简单。如果你想在这个世界里活得舒服一点，这有点儿难。如果你想在这个世界里活得很好，这不容易做到。如果你想在这个世界里大名鼎鼎，你需要拿出更多的勇气。

有人说：我们要在喧嚣的世界里安静地活着。有人说：人之所以不快乐是因为贪恋太多，想要得到的东西太多。我并不同意这种说法。我们人类的每一点进步，都是源于欲望的不满足：想要在天空飞翔，进而发明了飞机；想要跑得比马车更快，进而出现了发动机。如果人没有了欲望，社会也就不再进步了。

其实，人不快乐不是因为他的欲望太多，而是因为他的欲望大于能力。归根结底，如果一个人想要什么却得不到，并因此烦恼苦闷，这不是因为他想要的太多，而是因为他实力不够。那么，一个人为什么会实力不够？那么多原本不富裕的人都成了人生赢家，为什么你不可以？一个很重要的原因是你缺乏与这个世界对抗、冲破世界阻力的勇气，你缺乏把你的理想变成现实的勇气。

我们都应该学学施特劳斯，不走寻常路，坚持自我，在这个平淡的世界里敢于为自己想要的东西去努力去争取，活出喧嚣的自己。

阅读笔记

不要给自己设限，你可以自己定义人生

一个乡下来的小伙子去应聘城里百货公司的销售员。老板问他："你以前做过销售员吗？"他回答说："我以前是村里挨家挨户推销的小贩。"老板看他挺机灵，就说："行，你明天可以来上班了。等下班的时候，我会来看一下。"

第二天，小伙子准时来上班了。到了晚上下班后，老板真的来了。他问小伙子："你今天卖出去了几单？"

"一单。"小伙子老老实实地回答。

"只有一单？"老板有些不高兴了，说，"我们这儿的售货员一天基本上可以完成二三十单生意呢。那你卖了多少钱？"

"30 万美元。"小伙子耸了耸肩，回答道。

"什么？你怎么卖到那么多钱的？"老板一听吓了一跳，高声问道。

"是这样的，"小伙子说，"上午一位先生进来买东西，我先卖给他一个小号的鱼钩，然后是中号的鱼钩，最后是大号的鱼钩。接着，我卖给他小号的渔线，中

号的渔线，最后是大号的渔线。我问他上哪儿钓鱼，他说海边。我建议他买条船，所以我带他到卖船的专柜，卖给他一艘长20英尺有两个发动机的纵帆船。然后他说他的大众牌汽车可能拖不动这么大的船。我于是带他去汽车销售区，卖给他一辆丰田新款豪华型巡洋舰。”

老板后退两步，几乎难以置信地问道：“这位先生仅仅来买个鱼钩，你就能卖给他这么多东西？”

“不是的，”小伙子回答道，“他是替妻子来买生活用品的。于是我就问他：‘你的这个周末算是毁了，干吗不去钓鱼呢？’”

故事有点搞笑，但很有深意。我们许多人喜欢给自己设限，经常一件事还没做就说自己做不到、做不好，其实真正做起来不一定有你想象中那么难。

很多人都知道雅马哈公司，但不知道这家公司是个奇葩的存在，员工们都异常勤奋而且都非常有想象力。

最开始，雅马哈只是一家主营钢琴修理的公司。但是，由于技术过硬，雅马哈发现自己也有能力制作乐器，更重要的是做乐器比修乐器更赚钱。于是，雅马哈决定：还修什么钢琴，我们自己造钢琴吧！就这样，家喻户晓的雅马哈钢琴诞生了。

生产出钢琴之后，雅马哈老板想了想，说：既然钢琴都做了，吉他的制作简单得多，不如也顺便做了吧！于是，世界上又有了雅马哈吉他。然后一发不可收拾地又出现了雅马哈小号、雅马哈架子鼓、雅马哈专业耳机等。

这时候，电子乐器突然火了，雅马哈人一看，觉得公司技术这么过硬，那就顺手一起做算了。于是，雅马哈电子琴、雅马哈电钢琴、雅马哈电吉他、雅马哈电小提琴等也相继问世了。

在制作电子乐器的过程中，因为觉得电子元件太贵，雅马哈决定自己生产。于是，他们开始自制数字信号处理器，由此就掌握了数字信号处理技术。接着，雅马哈公司通过做电子乐器的经验学会了做路由器，雅马哈路由器问世了。

本来，雅马哈的老板觉得雅马哈能成为一个乐器、电子设备、网络设备综合生产制造企业已经很好了。不料，雅马哈人的思维太活跃，在修理钢琴、制作木制乐器的过程中又精通了木工活儿，于是又开始生产家具和盖房子。

雅马哈对任何事都要精益求精，木工活也因此越做越好，终于引起了政府注意。于是，政府向雅马哈订购了一批木质螺旋桨。雅马哈人在生产木质螺旋桨时，想办法借来了飞机发动机用来试验螺旋桨。但是发动机因为质量不够好，总是坏，雅马哈人就不得不自己动手维修。结果，一来二去，他们又掌握了发动机制造技术，生产出了雅马哈发动机。

因为雅马哈发动机性能太好了，以至于丰田公司也跑来找雅马哈订购汽车发动机。结果，雅马哈人一不小心就做出了《头文字D》里提到过的AE86发动机。

都有发动机了，做车不就简单多了吗？于是，没过多久，雅马哈摩托车生产出来了。

都有发动机了，做船不也简单多了吗？于是，没过多久，雅马哈公司开始生产船舶。

在生产摩托车、船舶的过程中，雅马哈又掌握了玻璃钢工艺，于是又开始生产结实轻便的水滑梯。

水滑梯要用在游泳池里。既然生产了水滑梯，那么修建泳池的活儿也一起做了吧。于是，雅马哈又将触手伸到了泳池修建领域。

有个“疯狂”的员工提出：泳池不过就是个大点儿的浴缸。我们既然能做泳池了，那应该也可以生产浴缸。于是，带音响的雅马哈浴缸出现了。

就这样，雅马哈公司从一家钢琴修理公司变成了现在的制造乐器、电子设备、网络设备、家具、发动机、摩托车、家用浴缸，并能建造住宅、泳池和船舶的综合厂商。

雅马哈公司的发展史，就是一个不给自己设限、随时掌握新技能的过程。我们自己的人生其实也应是这样。其实人类的最伟大之处就是存在无限可能，你永远不会真正知道，如果把你放在另一个环境你能取得什么样的成就。

我们看，马云本来是一个英语教师，现在居然成了电商阿拉巴巴董事局主席；高晓松原本是清华大学电子工程系无线电专业的学生，最终却成了导演、编剧、制片人、音乐人和脱口秀节目主持人；岳云鹏原本是个饭店服务员，现在却成了红极一时的笑星。所以，老话说“不知道哪块云彩有雨”是再正确不过了。我们都不应该给自己的人生设限，而是应该勇于尝试各种可能。毕竟，你的人生你做主，旁人谁也不能为你订制。

阅读笔记

Chapter 9

自律：谈什么野心，你连自己都无法掌控

人最容易放纵自己、可怜自己。所以，很多成功的人其实是逼出来的。因为你不把他逼到无路可退的地步，不把他逼到悬崖边上，他就总舍不得让自己挨一点罪、受一点累。所以林冲被害得老婆上吊、自己被追杀无路可退，才不得不上梁山；所以宋江虽然被朝廷鄙视、迫害但总觉得还有路可走才一心受招安。为什么非得被别人逼着才肯发奋呢？为什么非得先被别人打得头破血流才知道要“雄起”呢？一屋不扫，何以扫天下！

哪怕对自己的一点小小的克制，也会使人变得强而有力。

——苏联作家　高尔基

懂得自律，才能快意人生

我想，这个世界上其实没有人不希望自己能够努力一些，多学一些知识，多赚一些钱，少一些荒废光阴的日子，少做一些损害健康的事情。但是我们却见惯了许多人管不住自己，不能自我约束，使自己与自己的梦想成为两条平行线，一辈子也没机会相交。

我有一位做文职工作的女性朋友。像许多爱美的女孩一样，她总是对自己的体重不满意，而且她也确实也有点胖。这位朋友开始考虑减肥。要减肥，无非是两件事：一是加强体育锻炼，增加运动量；二是合理饮食，少摄入高脂肪、高热量食品。但是我的这位朋友尽管非常想瘦下来，却始终无法坚持运动，饮食也控制不下来。偶尔想起来要减肥，也不过是三五天热度。所以，她依然是那么胖。

人要想做成什么事，不自律是不行的。拿减肥来说，太多的肥胖人士都是高热量食物的爱好者，还懒于运动。而要想减肥，他们就要忍痛割爱，远离自己爱吃的红烧肉、炸薯条，还得每天抽出很多时间去锻炼、健身。如果管不住自己，那就会越来越胖。又比如那些“瘾君子”。多少新闻报道告诉大家千万不要碰毒品，但是总有些人管不住自己，因为好奇或者轻率，非要去尝试，结果一失足成千古恨。

我们为什么要自律？就是因为如果放纵自己，面对诱惑不克制，就一定会付出难以挽回的巨大代价，只有懂得自律的人才能拥有更美好的人生。

明朝有一个名叫徐溥的人。他在少年时就严于自律，在书桌上放了两个瓶子，分别贮藏黑豆和黄豆，用以检点自己的言行：每当心中产生一个善念，或是说出一句善言，做了一件善事，便往瓶子中投一粒黄豆；反之，如果言行有什么过失，就往另一个瓶子里投一粒黑豆。开始时，黑豆多，黄豆少。但随着他不断深刻反省并激励自己，黄豆和黑豆数量逐渐持平。他就更加严格地自律，黄豆越积越多，黑豆却很少增加了。后来，这个徐溥一举考中廷试一甲第二名，也就是我们常说的榜眼，最后官至明朝内阁首辅，做过四朝元老，死后被赐谥号“文靖”。在谥号中，道德博闻、学勤好问、慈惠爱民、愍民惠礼称“文”，柔德安众、恭己鲜言、宽乐令终称“靖”。徐溥生前享尽荣华，死后名留青史，就是因为他能够自律，养成了良好的德操，得到了从帝王到臣民的敬佩。徐溥古稀之年故去，位极人臣而得以善终。相比之下，清朝巨贪和珅年不及半百，就因为贪婪无度、以权谋私被赐以死刑。这就是自律与不自律的例证之一。

我们都知道战国时纵横家苏秦“锥刺股”和汉朝纵横家孙敬“头悬梁”的故事。每天长时间埋头苦读，难免瞌睡犯困。一般人困了就睡了，而苏秦、孙敬却不允许自己懈怠，用近乎自虐的方式约束自己。谁不想多睡会、多吃点呢？谁不想少挨点累多享点福呢？但如果你想将来过得好一点、舒服一点，那你就得从现在开始对自己严格一点。努力一天很简单，努力一星期也不难，难的是持续努力一个月、半年、一年、十年、一辈子。要想做到几十年如一日，管不住自己是不行的。

2017年5月在内地上映的印度电影《摔跤吧！爸爸》引起了社会热议。这部电影的导演是著名影星阿米尔·汗，讲述了曾经的摔跤冠军辛格培养两个女儿成为女子摔跤冠军，打破印度传统的励志故事。阿米尔·汗在片中饰演父亲辛格，因为故事的时间跨度长达30年，要经历角色19岁、29岁和55岁三个年龄段，他先是完成了角色19岁时的青年戏份，随后在短时间内增肥28公斤，以模拟55岁中年发福的状态。最后为了贴合该角色29岁摔跤手生涯黄金时期的体型，阿米尔·汗用了五个月的时间，不仅减掉了赘肉，还学习摔跤技巧，练出了拥有八块腹肌的魔鬼身材。

这种短期内身体的剧烈变化，其实对身体的伤害特别大。阿米尔·汗为什么不用硅胶道具来代替呢？他回答说，“用化妆道具很难找到肥胖的感觉，作为演员，我觉得那样不好。”大家还奇怪他为何不按照少年、壮年、老年的顺序拍，而阿米尔·汗的解释是，那样的话，自己就没动力减肥了。要知道，导演阿米尔·汗今年已经51岁了。在影视剧普遍应用化妆道具的年代，下决心主动增肥难；增肥28公斤容易，但在五个月内坚持锻炼，重新恢复体重并且成就魔鬼身材，世界上又有几个人能够做到？正是因为阿米尔·汗拥有极其强大的自律能力，才能把大幅度改变体形这种事情自由控制在手中，拍出震撼人心的电影就更不用说了。

自律就是自由，不自律的人就是情绪、欲望和感情的奴隶。自律的人就是：一件事，不管自己喜不喜欢做，只要这件事是应该做的，自己就会去做。而不自律的人则是：一件事，不管它应不应该做，只要自己不喜欢做，他就不去做。乍一看，前者的生活太苦，后者的生活自在。甘蔗甜根不甜梢，会吃的人要从梢往根吃，越吃越甜；不会吃的人先拣根那头吃，结果越吃越淡，越吃越不好吃。自律与不自律的人生就好比这两种吃甘蔗的方式，聪明人都知道哪一种方式更好。约束是绝对的，自由是相对的，人要想拥有更多的自由，就应该对自己进行更有力的约束。

阅读笔记

专注自己，成为你想成为的人

我们不止一次地谈理想。

说到理想，这是个很尴尬的话题。因为太多的人都曾经许下过“我要如何如何”的誓言，但能真正做到的并没有几个。所以谈到这个话题的时候，很多人都会恼羞成怒，进而轻蔑地说：理想是什么？能当饭吃吗？

我们身边总是不乏这样的人，每天都能看到他们的努力：昨天是加班到 12 点的公司外景，今天是七月份长长的书单，明天是一本崭新的单词本，后天是健身房里挥汗如雨的身影。他们的存在时刻激励着你，好像你是最不上进的那个。

可是这些奋斗景象的背后往往是这个样子：加班到半夜是因为白天一直在刷手机做别的事情，无法按时完成任务；列的每月书单，在书店促销时一次性买回来，看了几页心思渐渐游离，这时候发现书里在讲英语的重要性，于是赶紧下单买了一本单词；看到别人的马甲线心生羡慕，下了全套郑多燕老师的指导视频，买了一个瑜伽垫，跟着做了一段时间，便不知道什么时候停止了。这样三天打鱼两天晒网，大鱼怎么可能上你的钩呢？今天干这个，明天干那个，到头来，一样也没做到最好。

其实我知道，不管现在怎样，我们每个人对未来仍有梦想，仍然希望自己能成为一个成功的人。那么如何做到这一点呢？问题的关键就在于自制力和专注，抓住一个目标不放松。

一旦你专注做你自己，严格自律，你就会离你想成为的人更近一步。

在英国，有个叫布罗迪的教师。有一次在整理阁楼上的旧物时，他发现了一沓练习册，是50年前皮特金幼儿园B（2）班31位孩子的春季作文，题目叫《未来我会成为……》。

布罗迪随手翻了几本，很快便被孩子们千奇百怪的自我设计给迷住了。比如，有个叫彼得的小家伙说自己未来会成为海军大臣，因为有一次他在海里游泳，喝了3升海水都没被淹死；还有一个说自己将来必定是法国总统，因为他能背出25个法国城市的名字；最让人称奇的是一个叫戴维的盲童，他认为自己将来会成为英国的内阁大臣，因为在英国历史上还没有一个盲人进入过内阁。

读着这些作文，布罗迪突然有一种把这些本子重新发到同学们手中的冲动，想让他们看看现在的自己是否实现了50年前的梦想。当地一家报社得知他的这一想法后，为他刊登了启事。没几天，书信便向布罗迪飞来。其中有商人、学者及政府官员，更多的是没有身份的人。他们都表示，很想知道自己儿时的梦想，并且很想得到那本作文本。布罗迪按地址一一给他们寄去。

一年后，布罗迪手里仅剩戴维的作文本没人索要。就在布罗迪准备把这个本子送给一家私人收藏馆时，他收到了内阁教育大臣布伦克特的一封信。信中说：那个叫戴维的盲童就是我，感谢您还为我们保存着儿时的梦想，不过我已不需要那个本子了。因为从那时起，我的梦想就一直在我的脑子里，从未放弃过。50年过去了，可以说我已经实现了那个梦想。今天，我还想通过这封信告诉其他的30位同学，只要不让年轻时美丽的梦想随岁月飘逝，成功总有一天会出现在你面前。

原来，戴维·布伦克特真的已经成为英国内阁大臣。

戴维·布伦克特先生先天失明，1947年出生于英国北部工业城市谢菲尔德，那时他的父亲已经55岁了。他的父母是平凡的普通人，而且父亲在他12岁那年不幸发生意外死亡。当时，布伦克特家里非常穷，连为父亲买墓碑的钱都没有。

很小的时候，布伦克特就学会了盲文和打字，这使他顺利地找到了第一份工作。他克服了极大的困难，接受了正常孩子可以得到的教育。16岁时，他加入了工党，并成为卫理公会的传教士，还参加了高中夜校的学习，同时做职员与打字员的工作。在这些年的生活中，布伦克特所做的很多事情都比普通人要难，他不喜欢跟人比较，而是更加在乎自己的进步，认得清楚自己想要什么，所以他摈除杂念，只为心中坚定的目标奋斗。

不久，他通过自己的努力考取了谢菲尔德大学，在他家周围方圆几英里的地方，他是第一个考上大学的人。到22岁时，他已经是谢菲尔德市议员了。也许你无法想象当初他为竞选地方议员拉票的情形：他先是训练导盲犬露西“找门”，然后牵着它走过当地的每一条街，走进每一户人家，向选民们宣传自己的思想。

由于提出了自己鲜明的思想，加上脚踏实地工作，盲人布伦克特获得了选民的广泛认可，在仕途上越走越顺。布莱尔当选英国首相后，提名布伦克特出任教育大臣。这一提名几乎没有遇到任何质疑——盲人戴维·布伦克特用自己的努力赢得了选民的认同，成为自己想要成为的人。

我们不禁要深思：为什么其他小朋友没有实现自己儿时的理想呢？自己曾经

的理想又是什么时候熄灭了小火苗呢？可能是面对多种选择犹豫不决的时候，可能是刚开始坚持，又被其他繁杂的信息扰乱视听的时候……渐渐地，自己也就迷失了原来的方向。在这种情况下，只有增强自律能力，保持内心的宁静，专注于自己本来的道路，才能逐渐把自己塑造成那个自己想成为的模样。

阅读笔记

在坏情绪前控制住自己，输什么不能输了心情

人的一生中经常会在四种不好的事情上跌跟头，这四种事就是“酒”“色”“财”“气”。

气，其实指的就是心情。人的心情跟天气一样，难免有个阴晴冷暖。但如果一直是阴雨天，那就要出事情。

三国时期，蜀国有关羽、张飞两位上将，在三国之中是鼎鼎大名的“万人敌”，人称“虎臣”。但是，两人的脾气秉性都有严重缺陷。

关羽的毛病是刚愎自用，骄傲自大。关羽这个人出身卑微，善待士卒，但是非常看不上士大夫。当时吴主孙权打算笼络关羽，想让自己的儿子迎娶关羽的女儿，便派使臣前去求婚。关羽看出孙权有意拉拢自己，离间刘备跟他的关系，当然没有答应。不同意并不要紧，千不该外不该，关羽盛怒之下把孙权的使臣辱骂了一通。使臣代表的是主人，关羽辱骂使臣就等于是辱骂孙权，孙权如何不恼羞成怒？除此之外还有一件事，关羽手下有两位后勤兼后援的大将——南郡太守糜

芳和将军傅士仁，但关羽素来瞧不起他们。瞧不起不要紧，面子上总该过得去。可关羽偏偏肆无忌惮地把自己对糜芳和傅士仁的轻蔑显露出来，致使两人怀恨在心。结果，恼怒的吴主孙权与曹操合谋算计关羽，糜芳和傅士仁也被孙权策反。关羽最后落得个身首异处。

再说张飞。张飞的毛病就是脾气暴躁，对人不懂得收买、施恩。他与关羽正好相反，因为出身较好，喜欢结交文人雅士，但是对士卒刑罚极为严苛，毫不留情。当时，因为关羽遇害，荆州失守，刘备大怒之下起兵伐吴。张飞率领万余兵马前去会合。结果，他帐下的将领张达、范强因为张飞催逼过急，畏惧即将面临的刑罚，索性一不做二不休，抢先下手，趁张飞不备的时候将张飞刺死，投奔了孙权。

关羽、张飞两员大将的意外败亡，直接导致本来局势很好的西蜀政权变得岌岌可危，失去土地也失去了人心。最直接的原因就在于关羽和张飞不能很好地控制自己的情绪，使别人因为承受了他们的伤害而怀恨在心。

人活于世，要和形形色色的人打交道，不可能不生气，不可能不伤心，不可能不忧虑，但自己心情糟糕的时候，应该学会自己调节。

西藏有这样一则寓言故事。

有一个叫爱地巴的人，每次生气和人起争执的时候，就飞快地跑回家去，绕着自己的房子和土地跑上 3 圈，然后坐在田地边喘气。爱地巴工作非常努力，他的房子越来越大，土地也越来越广。但不管房子和土地有多大，只要与人争论生气，他还是会绕着房子和土地跑 3 圈。爱地巴为何每次生气都要如此折腾？所有认识他的人，心里都很疑惑，但是不管怎么问，爱地巴都不愿意说明。

直到有一天，爱地巴已到暮年，他的房子和土地已经很广大，生气的时候他又拄着拐杖艰难地绕着土地跟房子走，等他好不容易走完 3 圈，太阳都下山了。

爱地巴独自坐在田边喘气，他的孙子在身边恳求他："阿公，您年纪这么大了，这附近也没有谁的土地比您更大，您不能再像从前，一生气就绕着土地跑啊！您可不可以告诉我为什么您非要这么做呢？"

爱地巴想到孙子也老大不小了，是时候把这个道理传授给他，于是便说："年轻时，我若和人吵架、争论、生气，就绕着房地跑 3 圈，边跑边想，我的房子这么小，土地这么小，我哪有时间和资格去跟人家生气？一想到这里，我的气就消了，于是就把所有时间用来努力工作。"孙子问："阿公，那您现在为什么还要绕着房地跑？"爱地巴笑着说："我现在还是会生气，生气时绕着房地跑 3 圈，边跑边想，我的房子这么大，土地这么多，我又何必跟人计较？一想到这，气就消了。"

其实人的坏心情就是这样，事情发生的当时，你的心绪波动会非常剧烈，感觉心里的"小宇宙"仿佛马上就要爆发。但只要过一阵子，等头脑冷静了再回过头来想一想，在很多事情上发火、哭闹、烦躁就显得非常不值得了。所以，处在坏情绪之中的时候，不要急于马上跟人对峙，不如先找个不伤及他人的方式发泄情绪，等自己冷静下来后再来处理事情。

一天，美国前陆军部长斯坦顿来找林肯，气呼呼地说，有一位少将用侮辱的话指责他偏袒一些人。林肯建议斯坦顿写一封内容尖刻的信回敬那家伙。"可以狠狠地骂他一顿。"林肯说。

斯坦顿立刻写了一封措辞强烈的信，然后拿给总统看。

"对了，对了。"林肯高声叫好，"要的就是这个！好好训他一顿，真写绝了，斯坦顿。"

但是当斯坦顿把信叠好装进信封里时，林肯却叫住他，问道："你干什么？"

"寄出去呀。"斯坦顿有些摸不着头脑了。

"不要胡闹。"林肯大声说，"这封信不能发，快把它扔到炉子里去。凡是生气时写的信，我都是这么处理的。这封信写得好，写的时候你已经解气了，现在感觉好多了吧，那么就请你把它烧掉，再写第二封信吧。"

林肯应对坏情绪的方法非常得当，既照顾了斯坦顿的面子，帮他合理地发泄了情绪，又没有波及第三个人，还给斯坦顿做了一个榜样。人生中，输赢是常有的事，谁都不是常胜将军。面对不顺、失败，心态一定要保持好，心情一定不能输。心情好，就一切都好；心情差，整个生活都索然无味。如果好心态丢了，自律也就无从谈起。不要让坏情绪毁了你的自律。同时，在遭遇坏情绪的时候，自己一定要增强自控能力，可以不断地暗示自己，"不要拿别人的错误来惩罚自己"，并且客观地去看待让你产生坏心情的原因。

阅读笔记

避免掉入“差不多”陷阱，给自己“确定”的人生

我国著名思想家、文学家胡适先生曾经写过一篇《差不多先生传》。他在文中这样写道：

（差不多先生）常说：“凡事只要差不多，就好了。何必太精明呢？”

他小的时候，他妈叫他去买红糖，他买了白糖回来。他妈骂他，他摇摇头说：“红糖白糖不是差不多吗？”

他在学堂的时候，先生问他：“直隶省的西边是哪一省？”他说是陕西。先生说：“错了。是山西，不是陕西。”他说：“陕西和山西，不是差不多吗？”

后来他在一个钱铺里做伙计。他也会写，也会算，只是总不会精细。十字常常写成千字，千字常常写成十字。掌柜的生气了，常常骂他。他只是笑嘻嘻地赔礼道：“千字比十字只多一小撇，不是差不多吗？”

有一天，他为了一件要紧的事，要搭火车到上海去。他从从容容地走到火车站，迟了两分钟，火车已开走了。他白瞪着眼，望着远远的火车上的煤烟，摇摇

头道："只好明天再走了，今天走同明天走，也还差不多。可是火车公司未免太认真了。八点三十分开，同八点三十二分开，不是差不多吗？"他一面说，一面慢慢地走回家，心里总不明白为什么火车不肯等他两分钟。

有一天，他忽然得了急病，赶快叫家人去请东街的汪医生。那家人急急忙忙地跑去，一时寻不着东街的汪大夫，却把西街牛医王大夫请来了。差不多先生病在床上，知道寻错了人；但病急了，身上痛苦，心里焦急，等不得了，心里想道："好在王大夫同汪大夫也差不多，让他试试看罢。"于是这位牛医王大夫走近床前，用医牛的法子给差不多先生治病。不上一点钟，差不多先生就一命呜呼了。差不多先生差不多要死的时候，一口气断断续续地说道："活人同死人也差……差……差不多，……凡事只要……差……差……不多……就……好了，……何……何……必……太……太认真呢？"他说完了这句话，方才绝气了。

胡适这篇小说，嘲讽的就是那些做事不认真、凡事差不多就好的人。鲁迅也曾经说过："中国四万万的民众害着一种毛病。病源就是那个马马虎虎，就是那随它怎么都行的不认真态度。"

可惜的是，到现在，在我们的社会上，"差不多"先生依然大有人在：

这活儿今天干不完就干不完吧，差不多就行了，剩下的明天再干呗！

收入太少也是没办法，差不多就行了，钱多了也是祸害，反正饿不死！

统计数据做那么精细干什么？差不多就行了，反正别人也不知道到底是多少。

……

我们生活中有很多人就是这样，做事情一点都不严谨，这也是食品安全事件中牛奶中有三聚氰胺、肉里边有嫩肉粉、食物里用工业盐等现象发生的原因之一。在这些不法商贩看来，不一定会吃死人，还能降低成本，多好？"生产食品么，差不多就行了！”

而那些严格要求自己的人，早就在通往成功的路上越走越远，让这些“差不多”先生望尘莫及了。

在日本，有个专门炸天妇罗的高手，名叫早乙女哲哉，人称“天妇罗之神”。他与“寿司之神”小野二郎、“鳗鱼烧之神”金本兼次郎并称为“江户前料理三神”。

早乙女哲哉出身于一个经营报纸的家庭，5岁起就开始跟着父亲送报纸。他的父亲是个非常认真的人，客户很多。早乙女哲哉从他父亲的身上学到了很多东西。15岁那年，早乙女哲哉在父母的鼓励下来到东京闯荡。

早乙女哲哉最初的理想是做寿司，因为听说如果做到一流的寿司店师傅，一个月可以赚2万日元。但来到东京之后，在面试寿司店学徒之前，因为没有吃饭，他被介绍人带到了上野广小路的“天庄”——一家天妇罗名店。吃着吃着，早乙女哲哉随口问：“天妇罗师傅一个月可以赚多少？”介绍人告诉他：“3万左右。”“比寿司师傅还要多？”“是啊，要不然就学做天妇罗吧，试试看？”在介绍人的鼓动下，吃完那顿饭，想做寿司师傅的早乙女哲哉进了“天庄”，开始做炸天妇罗的学徒。

学习过程当然不是一蹴而就，首先要从最基础的工作做起。买食材、打扫、洗碗，简单又枯燥的工作，早乙女哲哉耐心地做了一年多，终于得到了师父的认可，然后被调到了炸物台。因为工作认真，对待食材也有自己的看法，再加上与生俱来的天赋，早乙女哲哉在炸天妇罗这件事上越做越好。这使他有了要以炸天妇罗为毕生事业的想法。他梦想将来有一家属于自己的店面，让自己尽情施展才华。

17岁的早乙女哲哉懵懵懂懂地开始了追梦之路。因为太害羞，每当他与客人的目光相遇，手就会抖个不停，这无疑会影响天妇罗的口感。为了改正这个毛病，他便在休息的时候跑到人流量大的地方，主动与陌生人对视，锻炼自己。可是这样还是不行，因为虽然街上人来人往，但都是陌生人对他根本不感兴趣。可店里的客人却都是冲着他来的。后来他想了个办法，把所有的精神集中在天妇罗的身上，不再去注意客人有没有看他，果然，他心里想的都是天妇罗，忘记了外界的人物和环境，也就不再紧张了。

为了让炸出的天妇罗更加美味，早乙女哲哉每天早早去市场和小贩拉家常，学会了看天辨食材的诀窍。除了食材新鲜程度，如何处理食材也一样重要。怎样把食材处理得又快又好看还不损失口感呢？早乙女哲哉开始了长期练习。手被割破了，他毫不在意；处理得不满意，从头再来。长久的练习让他对所有的食材都了如指掌，如何处理口感最柔软，什么时候最肥美，他已掌握得一清二楚。

就这样，早乙女哲哉在这一行一干就是50多年。他每天工作10小时，据估计炸了3000万个天妇罗，从没请过一天假。即使是父亲去世，他也是上午出殡，晚上就赶回去工作，害怕让客人失望。如今他已经70多岁了，面对采访的时候却仍然说："'神'之类的称呼，都是别人这么说。但我觉得，我还能做出更好吃的天妇罗，每天我都这么想。"

能把一件事做到极致就是大师。如果把什么事都做得差不多，那么收入也就只能差不多，生活只能差不多。须知，差不多其实就是差很多。在你每次冒出来"差不多就行了"的想法时，不如说服自己把事情做得再好一点。每一次的再好一点，最终将引导事情越来越接近极致，越来越完美。通过这样不断驱使自己，你就会发现，原来提升自己也不是那么难。

阅读笔记

对自己狠一点，就离成功近一点

我们在人生中最常犯的错误，就是对自己心太软。

东北有句俗话，叫作“人不狠，站不稳”。这个“狠”不只是对别人、对生活，也有对自己。如果你对自己不够狠，就会为自己的不正确行为找各种各样的借口；如果你对自己不够狠，就容易在诱惑下偏离既定的方向；如果你对自己不够狠就只能人云亦云，随波逐流。如果你不肯对自己狠一点，现实会对你更狠。一个人只有先对自己下狠心，才能克服懒惰的天性。凡是对自己不够狠的人，都将是人生的失败者。

任正非曾经对入职华为的新员工这样讲：“你过去可以娇生惯养，但加入华为就不可以，如果你想继续被娇生惯养，你就回家找你爹妈，因为我不是你爹，也不是你妈。”

对于任正非所说的话，我不禁感叹：任正非对他的员工真是太好了。很多老板根本不会对员工说这种表面看起来恶狠狠实际上是振聋发聩的话，只会在员工出错时将他大骂一顿，甚至直接辞退。

2016年8月20日，中国著名演员成龙在美国第89届奥斯卡金像奖颁奖典礼上获得终身成就奖，成为首位获此殊荣的华人影星。成龙之所以能够获此殊荣，和他对自己够狠是分不开的。

众所周知，成龙电影一直以拳拳到肉、亲身上阵著称。在国内外电影危险镜头总爱选择替身的今天，成龙却始终坚持不管多么危险的动作都尽量亲自完成，很少用替身。

成龙自己坦言："这么多年拍这样的戏，受伤是不可避免的，我也不想坐着轮椅度过下半生，我也问过自己，拍电影需要这么拼命吗？但不拼命的话我们拿什么来和好莱坞比拼？在特技方面，在科幻片方面，我们的确与他们有很大的差距，我们必须拍这种真真切切的功夫片，用这种拳拳到肉的真打跟好莱坞对抗，这个环境逼得我不得不去拼命。"也就是说，成龙当然也害怕受伤，但是为了保证收视率，为了吸引观众，提高我国电影在国际上的地位，他只能尽量不用替身，实打实地拼功夫。

格力集团现任总裁董明珠也是一个对自己非常狠的人。

当年，董明珠刚通过应聘进入格力电器的时候，是一名普通业务员。一进公司，她就面临一个难题：前一任业务人员的一笔生意中，对方拖欠40多万元货款，至今无法追回。当然，这笔欠款并不是董明珠的责任，她完全可以不管，公司自然会处理。但是董明珠也清醒地意识到：如果能把这件事解决，那么自己在领导的心目中就会留下一个好印象，对自己未来的发展无疑有巨大帮助。所以，董明珠硬是把追讨欠款的担子揽在了自己肩上。

她跑到经销商那里，跟经销商讨债讨了40多天，天天堵在他的办公室门口。

经销商到哪，董明珠就追到哪。最后有一天，经销商见实在赖不掉，就说："要钱我现在没有，实在不行，我把货返还给你，你把货拉回去吧。"董明珠非常高兴。虽然钱没要回来，但货没损失的话也是一样。于是，按照约定，董明珠第二天雇车去提货，结果发现经销商又玩起了失踪，避而不见。很快，锲而不舍的董明珠想办法摸清了经销商的行踪，将他堵在了公司。董明珠索性亲自去搬货。货物非常重，但心里憋着一股气的董明珠使出了全身的力气把货一箱箱往车上拖。等汽车发动时，累得几乎虚脱的董明珠流着眼泪对经销商说："我这一辈子都不会再和你做生意。"

进入格力两年后，董明珠在安徽的销售额突破 1600 万元，占整个公司销售总额的 1/8。随后，她被调往市场几乎已经饱和的南京，一年的时间，她的个人销售额上升至 3650 万元。

1994 年，部分骨干业务员突然集体辞职，格力电器出现严重危机。董明珠临危受命，接任经营部长一职，最终帮助格力电器实现连续 11 年空调产销量、销售收入、市场占有率均居全国首位的记录。2012 年 5 月，董明珠荣升为格力集团董事长，这时距离她做普通业务员已经 22 年了。

外界评价这个女强人时说：董明珠能吃苦、独立、不服输。的确，强悍与强硬一直贯穿于董明珠的格力生涯。

为什么有人虽然明知道自己很多目标没做，但是还忍不住一拖再拖，明日复明日？为什么有人总是忍不住刷刷网页玩玩游戏，虽然每天都有负罪感，却始终拿不出精神做正事？这都是因为他们对自己不够狠，怕苦怕累，一味地惯着自己。做小事情的时候都无法控制住自己，又怎么能成大事呢？

我们左右不了其他任何人，只能管好自己，该对自己狠的时候狠一点。然而我们中的很多人都是想得太多、做得太少。为了实现想法，我们需要在一个时间段内把最大的精力投入到合适的地方去。这个过程要求你管理好自己，同时对其他的选项说不。

前一段时间流行一段话：世界上最厉害的人就是，说起床就起床，说睡觉就睡觉，说不玩手机就不玩手机，说减肥就减肥。

现在的很多人做事总是三分钟热度，把个性看得比纪律更重要，把舒适看得比事业更重要，把金钱看得比成就更重要，把自己看得比别人更重要……永远都在善待自己，任自己的欲望发展，想吃就吃，所以只能与肥胖为伴；为了自己的“美容觉”，工作做不完，也可以不管不顾；计划好的事情，可以因为一时的懒惰而推迟或是取消……对自己狠一点，能控制自己的人，才能控制自己的未来。

后记

POSTSCRIPT

没有特别幸运，请先特别努力

我不知道有多少人在等着天上掉馅饼，也不知道有多少人因为觉得自己太过不幸而躲在角落里哭泣。

我想说：如果现在你们还没有特别幸运的话，可不可以先特别努力看看？

人的一生其实很短暂，再不努力，我们就老了。谁也不知道一个人就这么等下去是否就能等来幸运女神的垂顾。我们不能等待幸运敲门一直等到天荒地老、白发苍苍，才懊悔地说："早知道它不来，我还不如去努力一下试试。"

在我活过的这点岁月里，我并没有见过什么特别幸运的人，倒是见过许许多多的倒霉蛋。薛之谦就是其中一个。

薛之谦 4 岁的时候母亲因病去世，一下子成了没娘的孩子。他从小惹是生非，学习不好。到了他高中毕业之后，他的父亲知道以儿子的成绩考不上国内的好大学，硬是咬牙把房子卖了，送薛之谦去瑞士留学，学习酒店管理。留学的时候，薛之谦拼命打工，希望多攒点儿钱，替家里多省下一些。有时候打工的地方要跨越两个城市，为了省钱，薛之谦就去坐晚上 7 点以后的免费火车，有时还为了省下住店钱而在火车站过夜。

有一次放假回家时，一个“星探”看中了薛之谦，热情地劝说薛之谦跟他的公司签约，声称要帮他出唱片，要让他大红大紫。想到父亲独自拉扯自己长大，想到瑞士高昂的学费，薛之谦心动了。他立即跟学校申请休学，去经纪公司报到。没承想，经纪公司居然要他自己出 30 万元包装费。这很可能是一家骗子公司，薛之谦怕上当，没有与之签约。这下，学业已经暂停，工作又没了着落，薛之谦只好继续四处寻找进入娱乐圈的机会。他曾经被真人版《我为歌狂》剧组相中，准备出演其中一个角色，结果这部剧却由于版权问题没能开拍。他曾经报名参加《我型我秀》歌唱比赛进入全国四强并与一家公司签约，还发行了专辑，眼看着就要火了，却因为公司苛待艺人，一点宣传费都不肯出，导致薛之谦还没完全红起来就过气了，即便这样还要被用来养活全公司。

没有足够收入的薛之谦只好开淘宝店、火锅店来补贴家用，结果他的火锅店反而做得很红火，给他带来不菲的收入，淘宝店的销量也很可观。

薛之谦一边努力赚钱，一边开始在微博上写段子。他希望通过这种方式让自己拥有足够多的粉丝，这样才会有更多的人听他的歌，免得摆脱桎梏的时候因为已经没人认得他而只好从娱乐圈退出。为了写出吸引人的段子，薛之谦可以说是殚精竭虑，拼了老命。大张伟就曾经开玩笑地说：“薛之谦每天想段子想得都快秃顶了！”一开始，看的人很少，最多只有几百个人转发。后来，看的人渐渐多了。

再后来，他靠着在微博写段子，再度红了起来。最后，薛之谦获得了重生，在2017 年成为中国内地人气仅次于汪峰的偶像级实力派明星。

回顾自己的经历，薛之谦平静地说：“小时候，我会觉得这个世界很不公平，长大后发现，这个世界就是不公平。但是不公平是件好事情，它会让你更努力。”

我们所等待的幸运女神，她可能从来都没打算来。即便她会来，也不妨碍我们利用等她的这点时间努力做点事情，不是吗？

我知道现在有人对“努力”这个词很不屑，觉得这纯粹是心灵鸡汤。不，并不是这样。努力就会有所收获，这是颠扑不破的真理。即使努力不能使一个人成为百万富翁，至少也能让一个人不像之前那么穷困，那么卑微。

我们都知道：努力对于一个人是有好处的。我们讲了许许多多的故事。它们都是真实发生过的。从中你能看到，这些故事的主角，都是凭借个人的努力才改变了自己的人生。

此刻的你我，其实已经没有多少东西可以失去的了。与其就这样浑浑噩噩地继续活下去，与其让父母痛心、爱人失望、亲友嘲笑，倒不如豁出去，好好努力地拼搏一回。这样，即便没有得到什么结果，当我们老了的时候，也不至于为当初的懒惰和不作为而遗憾。

如果没有特别幸运，那就请先特别努力吧，为了你自己！